Das Recht der Kabelweitersendung

AF887088

Schriften zum Handels- und Wirtschaftsrecht

Herausgegeben von Herbert Leßmann

Band 13

PETER LANG
Frankfurt am Main · Berlin · Bern · Bruxelles · New York · Oxford · Wien

Elmar Mand

Das Recht der Kabelweitersendung

Kabelweiterleitung von Rundfunkprogrammen im Lichte des § 20 b UrhG

PETER LANG
Europäischer Verlag der Wissenschaften

Bibliografische Information Der Deutschen Bibliothek
Die Deutsche Bibliothek verzeichnet diese Publikation in der Deutschen Nationalbibliografie; detaillierte bibliografische Daten sind im Internet über <http://dnb.ddb.de> abrufbar.

ISSN 1439-4189
ISBN 3-631-53319-5

© Peter Lang GmbH
Europäischer Verlag der Wissenschaften
Frankfurt am Main 2004
Alle Rechte vorbehalten.

Das Werk einschließlich aller seiner Teile ist urheberrechtlich geschützt. Jede Verwertung außerhalb der engen Grenzen des Urheberrechtsgesetzes ist ohne Zustimmung des Verlages unzulässig und strafbar. Das gilt insbesondere für Vervielfältigungen, Übersetzungen, Mikroverfilmungen und die Einspeicherung und Verarbeitung in elektronischen Systemen.

www.peterlang.de

Vorwort

Das Recht der Kabelweitersendung gehört nach wie vor zu den besonders umstrittenen Teilbereichen des Urheberrechts. Der deutsche Gesetzgeber hat zwar durch das Vierte Gesetz zur Änderung des Urheberrechtsgesetzes vom 8. Mai 1998 das Kabelweitersenderecht definiert und die Modalitäten seiner Ausübung geregelt. Diese Novellierungen des UrhG haben die Meinungsverschiedenheiten über die Grenzen des Kabelweitersenderechts und die urheberrechtliche Verantwortung für den Weitersendevorgang aber nicht beseitigt. Vielmehr werfen gerade die Vorschriften der §§ 20 b Abs. 2, 87 Abs. 4 UrhG zahlreiche neue, bislang nicht abschließend geklärte Fragen im Zusammenhang mit der Vergütung der Weitersenderechte auf. Diesen Fragen soll in der vorliegenden Untersuchung nachgegangen werden.

Die Monografie beruht auf einem Rechtsgutachten im Auftrag des Deutschen Kabelverbands e.V. Der Verfasser ist Herrn Dr. Heublein (Deutscher Kabelverband e.V.), Frau Dr. Cordula Wöste (Kabel Deutschland Vertrieb und Service GmbH & Co. KG), Herrn Viktor Janik (iesy Hessen GmbH und Co. KG), Herrn Heinz Benesch (ish GmbH & Co. KG) und Herrn Lars Ziegenhagen (Kabel Baden-Württemberg GmbH & Co. KG) für die Unterstützung bei der Vorbereitung der Arbeit zu Dank verpflichtet. Meinen Mitarbeiterinnen und Mitarbeitern Ilka Heinemeyer, Petra Kocken, Gabriel Ramsperger, Hanno Frielinghaus und Cai Rüffer danke ich für die Unterstützung bei der Endredaktion.

Marburg im August 2004 Elmar Mand

Inhaltsverzeichnis

Abkürzungsverzeichnis

a.A. .... anderer Ansicht
a.a.O. .... am angegebenen Ort
ABl .... Amtsblatt
Abs. .... Absatz
AfP .... Zeitschrift für Medien und Kommunikationsrecht
.... (vormals Archiv für Presserecht)
AG .... Aktiengesellschaft
AGB .... Allgemeine Geschäftsbedingungen
AGBG... Gesetz zur Regelung der Allgemeinen Geschäftsbedingungen
amtl. .... Amtlich
Anm. .... Anmerkung
Art. .... Artikel
Aufl. .... Auflage
Az. .... Aktenzeichen
Bd. .... Band
Begr. . ... Begründung
BGB .... Bürgerliches Gesetzbuch
BGH .... Bundsgerichtshof
BGHZ .... Entscheidungen des Bundesgerichtshofes in Zivilsachen
BR-Drs. . ... Bundesratsdrucksache
brit. .... britisches
BT-Drs. .... Bundestagsdrucksache
Bull. .... Bulletin
BVerfG .... Bundesverfassungsgericht
BVerfGE .... Entscheidungen des Bundesverfassungsgerichts
BVN .... Breitbandverteilnetz
bzw. .... beziehungsweise
ca. .... circa
ders. .... derselbe
d.h. .... das heißt
DTAG .... Deutsche Telekom AG
EG .... Europäische Gemeinschaft
etc. .... et cetera
EU .... Europäische Union
e. V. .... eingetragener Verein
f. .... folgende (Seite, Nummer etc.)
ff. .... folgende (Seiten, Nummern etc.)
Fn. .... Fußnote
FRK .... Fachverband für Rundfunkempfangs- und Kabelanlagen
FuR .... Film und Recht
GG .... Grundgesetz für die Bundesrepublik Deutschland
GmbH .... Gesellschaft mit beschränkter Haftung
GRUR .... Gewerblicher Rechtsschutz und Urheberrecht
GRUR Int .... Gewerblicher Rechtsschutz und Urheberrecht International
GWB .... Gesetz gegen Wettbewerbsbeschränkungen

Hrsg. .... Herausgeber
KDG .... Kabel Deutschland GmbH
KEF .... Kommission zur Ermittlung des Finanzbedarfs
LMA .... Landesmedienanstalt/-en
LRG .... Landesrundfunkgesetz
m. .... mit
MMR .... MultiMedia und Recht
m.w.N. .... mit weiteren Nachweisen
n.F. .... neue Fassung
NJW .... Neue Juristische Wochenschrift
Nr. .... Nummer
NRW .... Nordrhein Westfalen
öster. .... österreichisches
OLG .... Oberlandesgericht
ORB .... Ostdeutscher Rundfunk Brandenburg
RBÜ .... Revidierte Berner Übereinkunft
Reg-E .... Regierungsentwurf
RegTP .... Regulierungsbehörde für Telekommunikation und Post
Rn. .... Randnummer
RTkom .... Zeitschrift für das Recht der Telekommunikation und das
.... Recht der elektronischen Medien
s. .... siehe
S. .... Satz, Seite
scil. .... scilicet
StVG .... Straßenverkehrsgesetz
TKG .... Telekommunikationsgesetz
TMR .... Zeitschrift für Telekommunikations- und Medienrecht
Tz. .... Teilziffer
u. .... und
UrhÄndG .... Gesetz zur Änderung des Urhebersrechtsgesetzes
UrhG .... Urheberrechtsgesetz
UrhG-E .... Urheberrechtsgesetz Entwurfsfassung
UrhR .... Urheberrecht
URG .... Urheberrechtsgesetz (der Schweiz)
UrhWG .... Urheberrechtswahrnehmungsgesetz
UFITA .... Archiv für Urheber-, Film-, Funk- und Theaterrecht
Urt. .... Urteil
v. .... von, vom
vgl. .... vergleiche
WDR .... Westdeutscher Rundfunk
WuW .... Wirtschaft und Wettbewerb
z. B. .... zum Beispiel
Ziff. .... Ziffer
ZRP .... Zeitschrift für Rechtspolitik
ZUM .... Zeitschrift für Urheber- und Medienrecht

Literaturverzeichnis

Badura, Peter, Gewährleistung der Freiheit des Rundfunks. „Funktion" des Rundfunks und „öffentliche Aufgabe" der Rundfunkveranstalter, in: Festschrift für Franz Knöpfle zum 70. Geburtstag, München 1996, 1 ff.

Bolla, Rapport de la Sous-Commission pour la Radiodiffusion et les Instruments Mécaniques, DCB, 114 ff.

Bornkamm, Joachim, Die Erschöpfung des Senderechts: Ein Irrweg?, in: Festschrift für v. Gamm, München 1990, 329 ff.

Callies, Christian/Ruffert, Matthias, Kommentar zu EU-Vertrag und EG-Vertrag, 2. Aufl., Neuwied und Kriftel 2002

Canaris, Claus Wilhelm, Grundrechte und Privatrecht, AcP 184 (1984), 201 ff.

Charissé, Peter, Kabelkommunikation zwischen Rundfunk- und Urheberrecht, K&R 2002, 164 ff.

Chotzen, Yvonne, The copyright royalty tribunal: Achieving aquilibrium between cable and copyright interests, Entertainment Law Journal, Vol. 1, 1981, 147 ff.

Conrad, Albrecht, Die Feuerzangenbowle und das Linsengericht: Der Vergütungsanspruch nach § 20 b II UrhG, GRUR 2003, 561 ff.

Dittrich, Robert, Überlegungen zum Begriff des Rundfunkunternehmers, in: Festschrift für Gerhard Frotz, Wien 1993, 715 ff.

ders., Kabelfernsehen und internationales Urheberrecht. Zur Vereinbarkeit der Österreichischen Regelung mit dem Recht der Berner Konvention, Freiburg/Br. 1984

Dreier, Thomas, Kabelweiterleitung und Urheberrecht, München 1991

ders., Die Umsetzung der Richtlinie zum Satellitenrundfunk und zur Kabelweiterleitung, ZUM 1995, 458 ff.

Dreier, Thomas/Schulze, Gernot, Urheberrechtsgesetz (UrhG), Kommentar, München 2004

Ehlgen, Heinz-Werner, Anmerkung zum Urteil des BGH v. 17.2.2000 – I ZR 194/97, ZUM 2000, 753 ff.

Ehrhardt, Jan, 32 + 32 a = 20 b – 20 b – Ist § 20 b Absatz 2 zu streichen?, ZUM 2004, 300 ff.

Engel, Christoph, Die Kabelbetreiber als Mäzene wider Willen. Die Pflicht zur unentgeltlichen Einspeisung von Rundfunkprogrammen in die Kabelnetze nach § 19 LMG Baden-Württemberg, RTkom Sonderdruck, Heidelberg 2000, 1 ff.

Erdmann, Willi, Urhebervertragsrecht im Meinungsstreit, GRUR 2002, 923 ff.

Dietrich, Thomas/Müller-Glöge, Rudi/Preis, Ulrich, Erfurter Kommentar zum Arbeitsrecht, 4. Aufl., München 2004

Flechsig, Norbert P., Der Entwurf eines Gesetzes zur Stärkung der vertraglichen Stellung von Urhebern und ausübenden Künstlern - Eine kritische Stellungnahme zu Chancen und Risiken des nunmehr in ein konkretes Stadium tretenden Vorhabens zur Schaffung eines Urhebervertragsrechts, ZUM 2000, 484 ff.

Flume, Werner, Allgemeiner Teil des Bürgerlichen Rechts, Band 2, 4. Aufl., Berlin 1992

Fromm, Friedrich Karl/Nordemann, Wilhelm, Kommentar zum Urheberrechtsgesetz und zum Urheberrechtswahrnehmungsgesetz, 9. Aufl., Stuttgart 1998

Fuhr, Ernst W./Rudolf, Walter/Wasserburg, Klaus (Hrsg.), Recht der neuen Medien, Heidelberg 1989

v. Gamm, Otto-Friedrich, Urheberrechtsgesetz, München 1968

Geulen, Reiner/Klinger, Remo, Verfassungsrechtliche Aspekte des Filmurheberrechts - Kritische Anmerkungen zum Entwurf eines Gesetzes zur Stärkung der vertraglichen Stellung von Urhebern und ausübenden Künstlern vom 22. Mai 2000, ZUM 2000, 891 ff.

Gounalakis, Georgios, Das vierte Urheberrechtsänderungsgesetz. Kritische Bemerkungen zur Hypertrophie des Urheberschutzes, NJW 1999, 545 ff.

ders., Erschöpfung des Senderechts? Zur Frage der Anwendbarkeit des urheberrechtlichen Erschöpfungsgrundsatzes auf die unkörperliche Werkwiedergabe des Weitersenderechts, ZUM 1986, 638 ff.

ders., Kabelfernsehen im Spannungsfeld von Urheberrecht und Verbraucherschutz. Zur urheberrechtlichen Problematik der Einspeisung von Rundfunksendungen in Kabelanlagen aus nationaler, internationaler und rechtsvergleichender Sicht, UFITA Schriftenreihe, Bd. 80, 1989

ders., Kabelfernsehen im Versorgungsbereich gebührenfinanzierter Sender, UFITA 111 (1989), 31 ff.

ders., Konvergenz der Medien – Sollte das Recht der Medien harmonisiert werden?, in: Gutachten C, 64. DJT 2002

ders., The Service Area Principle in the Framework of Cable Television, Baden-Baden 1995

ders., Urhebervertragsrecht und Verfassung, in: *Gounalakis, Georgios/Heinze, Meinhard/Dörr, Dieter*, Urhebervertragsrecht. Verfassungs- und europarechtliche Bewertung des Entwurfs der Bundesregierung vom 30. Mai 2001, Berlin 2001, 19 ff.

Gounalakis, Georgios/Mand, Elmar, Kabelweiterleitung und urheberrechtliche Vergütung, München 2003

Grimm, Dieter, Die Zukunft der Verfassung, Frankfurt/Main 1991

Hein, Werner J./Schmidt, Jens Peter, Entgelte für die Übertragung von Rundfunksignalen über das Breitbandkabel, K&R 2002, 409 ff.

Herrmann, Günter, Grenzüberschreitende Fernseh- und Hörfunksendungen im Gemeinsamen Markt, GRUR Int. 1984, 578 ff.

Hillig, Hans-Peter, Zur urheberrechtlichen Beurteilung der Kabelübertragung von Rundfunksendungen, AfP 1981, 446 ff.

ders., Urheberrechtliche Fragen des Netzzugangs in der Kabelkommunikation, MMR 2001, Beilage 2, 34 ff.

ders., Buchbesprechung von Urs Isenegger, Die urheberrechtlichen Probleme bei der Weiterübertragung von Sendungen, UFITA 101 (1985), 295 ff.

ders., Das Vierte Gesetz zur Änderung des Urheberrechtsgesetzes, UFITA 138 (1999), 5 ff.

Hoeren, Thomas, Kollisionsrechtliche Anknüpfungen in internationalen Datennetzen, Münster 2000

Hoeren, Thomas/Veddern, Michael, Voraussetzungen und Grenzen klauselmäßiger Beteiligungen der Sendeunternehmen an den gesetzlichen Vergütungsansprüchen, UFITA 2002/I, 7 ff.

Hoffmann-Riem, Wolfgang, Regulierung der dualen Rundfunkordnung, Baden-Baden 2000

Holznagel, Bernd/Enaux, Christoph/Nienhaus, Christian, Grundzüge des Telekommunikationsrechts, München 2001

Hucko, Elmar M., Das neue Urhebervertragsrecht, Halle 2002

Irion, Kristina/Schirmbacher, Martin, Netzzugang und Rundfunkgewährleistung im deutschen Breitbandkabelnetz, CR 2002, 61 ff.

Jakobs, Michael, Der Grundsatz der Verhältnismäßigkeit, Köln 1985

Kaminstein, Abraham L., Diplomatische Konferenz über den internationalen Schutz der ausübenden Künstler, der Hersteller von Tonträgern und der Sendeunternehmen (Rom, 10. bis 26. Oktober 1961), UFITA 40 (1963), 99 ff.

Kälin, Urs Peter, Die Vergütung für Kabelweitersendungen in der Schweiz, GRUR Int. 1984, 267 ff.

ders., Der urheberrechtliche Vergütungsanspruch bei der Werkverwertung mit Hilfe des Satellitenrundfunks und der Kabelweiterverbreitung, Bern 1986

Katzenberger, Paul, TRIPS und das Urheberrecht, GRUR Int. 1995, 447 ff.

Kibele, Babette, Multimedia im Fernsehen, München 2002

Kübler, Friedrich, Politikberatung auf Abwegen, ZRP 2000, 131 ff.

v. Lewinski, Silke, Die diplomatische Konferenz der WIPO 1996 zum Urheberrecht und zu verwandten Schutzrechten, GRUR Int. 1997, 667

Loewenheim, Ulrich (Hrsg.), Handbuch des Urheberrechts, München 2003

Lutz, Martin, Das Vierte Gesetz zur Änderung des Urheberrechtsgesetzes, ZUM 1998, 622 ff.

Macmillan, Fiona/Blakeney, Michael, The Internet and Communications Carrier's Copyright Liability, EIPR 1998

dies., Bringing Australian Copyright Law into the Global Age, Murdoch University Electronic Journal Of Law, Volume 5 Number 1 (March 1998)

Mand, Elmar, Erwerbswirtschaftliche Betätigung öffentlich-rechtlicher Rundfunkanstalten außerhalb des Programms, München 2002

ders., § 20 b Abs. 2 UrhG und das neue Urhebervertragsrecht, ZUM 2003, 812 ff.

ders., Die Kabelweitersendung als urheberrechtlicher Verwertungstatbestand, GRUR 2004, 395 ff.

Medicus, Dieter, Schuldrecht I, 13. Aufl., München 2002

Mestmäcker, Ernst J./Schulze, Erich, Urheberrechtskommentar, Band 3, Neuwied, Kriftel 2001

Möhring, Philipp/Nicolini, Käte, Urheberrechtsgesetz, Kommentar, 2. Aufl., München 2000

Möller, Hauke, Kabelrundfunk und Versorgungsbereich, FuR 1983, 455 ff.

Münchener Kommentar zum Bürgerlichen Gesetzbuch, Band 1, Allgemeiner Teil, §§ 1 – 240, 4. Aufl., München 2001

Münchener Kommentar zum Bürgerlichen Gesetzbuch, Band 5, Schuldrecht, Besonderer Teil III, §§ 705 – 853, 3. Aufl., München 1997

Nordemann, Wilhelm/Vinck, Kai/Hertin, Paul W./Meyer, Gerald, International Copyright, Commentary, Weinheim 1990

Oppermann, Thomas, Deutsche Rundfunkgebühren und europäisches Beihilferecht, Berlin 1997

Ory, Stephan, Das neue Urhebervertragsecht, AfP 2002, 93 ff.

Platho, Rolf, Urheberrechtsprobleme der Weitersendung von Sendungen in Kabelnetzen, Köln u.a. 1984

Pleister, Christian, Anmerkung zu High Court of Australia, GRUR Int. 1999, 615 ff.

Reich, Norbert, Europäisches Verbraucherschutzrecht: Binnenmarkt und Verbraucherinteresse, 2. Aufl., Baden-Baden 1993

Reimer, Dietrich, Das Recht der öffentlichen Wiedergabe unter Berücksichtigung der technischen Entwicklung, GRUR Int. 1979, 86 ff.

Reimer, Dietrich/Ulmer, Eugen, Die Reform der materiellrechtlichen Bestimmungen der Berner Übereinkunft, GRUR Int. 1967, 431 ff.

Rehbinder, Manfred, Urheberrecht, 13. Aufl., München 2004

Riesenhuber, Karl, Der Einfluss der RBÜ auf die Auslegung des deutschen Urheberrechtsgesetzes, ZUM 2003, 333 ff.

Ritgen, Klaus, Vertragsparität und Vertragsfreiheit, JZ 2002, 114 ff.

Sachs, Michael, Grundgesetz, Kommentar, 2. Aufl., München 2002

Sack, Rolf, Kabelfunk und Urheberrecht, GRUR 1988, 163 ff.

Schack, Heimo, Urheber- und Urhebervertragsrecht, 2. Aufl., Tübingen 2001

ders., Neuregelungen des Urhebervertragsrechts, ZUM 2001, 453 ff.

ders., Urhebervertragsrecht im Meinungsstreit, GRUR 2002, 853 ff.

Schaefer, Martin, Einige Bemerkungen zum Professorenentwurf für ein Urhebervertragsrecht – Ein Beitrag aus der Sicht der Deutschen Landesgruppe der IFPI e.V., ZUM 2001, 315 ff.

Schmidt, Uwe, Der Vergütungsanspruch des Urhebers nach der Reform des Urhebervertragsrechts, ZUM 2002, 781 ff.

Schricker, Gerhard, Urheberrechtliche Probleme des Kabelrundfunks, Studie im Auftrag der Medienkommission der Länder zur wissenschaftlichen Begleitung der vier Kabelpilotprojekte, Baden-Baden 1986

ders., Urheberrecht, Kommentar, 2. Aufl. , München 1999

ders., Verlagsrecht, Kommentar, 3. Aufl., München 2001

ders., Grenzüberschreitende Fernseh- und Hörfunksendungen im Gemeinsamen Markt, GRUR Int. 1984, 593 ff.

Schwarz, Mathias, Der Referentenentwurf eines Vierten Gesetzes zur Änderung des Urheberrechtsgesetzes, ZUM 1995, 687 ff.

ders., Urheberrecht u. unkörperliche Verbreitung multimedialer Werke, GRUR 1996, 836 ff.

Schwertfeger, Frank, Kabelfernsehen und Urheberschutz, Frankfurt/Main u.a. 1987

Schwintowski, Hans-Peter, Ordnung und Wettbewerb auf Telekommunikationsmärkten, CR 1997, 630 ff.

Spindler, Gerald, Die Einspeisung von Rundfunkprogrammen in Kabelnetze, MMR 2003, Beilage zu Heft 2, 1 ff.

Stern, Hermann J., Die Weiterverbreitung von Radio- und Fernsehsendungen, Zürich 1970

Stolz, Frank, Die Rechte der Sendeunternehmen nach Inkrafttreten der Urheberrechtsnovelle von 1985, GRUR 1986, 859 ff.

Ulmer, Eugen, Die Übertragung von Rundfunksendungen durch Kabel und der deutsche Rechtsbegriff der Sendung, GRUR 1980, 582 ff.

ders., Die Entscheidungen zur Kabelübertragung von Rundfunksendungen im Lichte urheberrechtlicher Grundsätze, GRUR Int. 1981, 372 ff.

Ulmer-Eilfort, Constanze, US-Filmproduzenten und deutsche Vergütungsansprüche, Baden-Baden 1993

v. Ungern-Sternberg, Joachim, Die Rechte der Urheber an Rundfunk- und Drahtfunksendungen nach internationalem und deutschem Urheberrecht, München 1973

ders., Von der gemeinsamen Fernsehantenne zum Kabelfernsehen, UFITA 94 (1982), 79 ff.

Wagner, Christoph, Wettbewerb in der Kabelkommunikation zwischen Transport- und Vermarktungsmodell, MMR 2001, Beilage zu Heft 2, 28 ff.

Waldenberger, Arthur, Teledienste, Mediendienste und die „Verantwortlichkeit" ihrer Anbieter, MMR 1998, 124 ff.

Walter, Michael M., Gemeinschaftsantennen und Rundfunkvermittlungsanlagen im Recht der Berner Übereinkunft, GRUR Int. 1974, 119 ff.

ders. (Hrsg.), Europäisches Urheberrecht, München 2001

Wandtke, Artur-Axel/Bullinger, Wilfried, Praxiskommentar zum Urheberrecht, München 2002

dies., Praxiskommentar zum Urheberrecht, Ergänzungsband, München 2003

Windisch, Ernst, Allgemeine Erschöpfungslehre und Waren- und Dienstleistungsverkehr in der Europäischen Gemeinschaft in: Festschrift für Roeber, Freiburg 1982, 481 ff.

Zimmer, Anja/Büchner, Wolfgang, Konvergenz der Netze - Konvergenz des Rechts?, CR 2001, 164 ff.

Einleitung

A) Problemstellung

Durch das Vierte Gesetz zur Änderung des Urheberrechtsgesetzes vom 8.5.1998[1] hat der deutsche Gesetzgeber die Richtlinie 93/83/EWG des Rates vom 27.9.1993 zur Koordinierung bestimmter urheber- und leistungsschutzrechtlicher Vorschriften betreffend Satellitenrundfunk und Kabelweiterverbreitung (im Folgenden: so genannte Satelliten- und Kabelrichtlinie)[2] in nationales Recht umgesetzt[3]. Zu den wesentlichen Neuerungen zählt die explizite Normierung des Rechts der Kabelweitersendung gemäß § 20 b Abs. 1 S. 1 UrhG. Unter dem Kabelweitersenderecht ist danach in Anlehnung an Art. 1 Abs. 3 der Richtlinie das Recht zu verstehen, ein Werk, das terrestrisch, drahtgebunden oder über Satellit ausgestrahlt wird, im Rahmen des Programms zeitgleich, unverändert und vollständig in einem Kabelnetz weiterzusenden. Neben der Definition regelt § 20 b Abs. 1 UrhG auch die Modalitäten der Ausübung des Weitersenderechts. Ergänzende Bestimmungen finden sich vor allem in §§ 20 b Abs. 2, 87 Abs. 4 UrhG und in § 13 b Abs. 3 und 4 UrhWG.

Diese Novellierungen, die nur zum Teil durch die Satelliten- und Kabelrichtlinie vorgegeben sind, haben die Meinungsverschiedenheiten über die Grenzen des Kabelweitersenderechts und die urheberrechtliche Verantwortlichkeit für den Weitersendevorgang nicht beseitigt[4]. Vielmehr werfen gerade die Vorschriften der §§ 20 b Abs. 1 und Abs. 2, 87 Abs. 4 UrhG zahlreiche neue, bislang nicht abschließend geklärte Fragen im Zusammenhang mit der Vergütung der Kabelweitersenderechte auf[5]. Diesen Fragen soll im Folgenden nachgegangen werden.

Im Mittelpunkt der Erörterungen stehen dabei einerseits Weitersendevorgänge im Versorgungsbereich bzw. im intendierten Sendebereich des Ursprungssende-

[1] BGBl. 1998 I, S. 902.
[2] ABl. EG Nr. L 248/15 v. 6.10.1993.
[3] Zur Umsetzung der Satelliten- und Kabelrichtlinie in Deutschland vgl. *Dreier*, ZUM 1995, 458 ff.; *Gounalakis*, NJW 1999, 545 ff.; *Lutz*, ZUM 1998, 622 ff.
[4] Umfangreiche Nachweise zum Streitstand finden sich bei *v. Ungern-Sternberg*, in: Schricker, UrhG, Vor. § 20 ff.
[5] Vgl. dazu *Gounalakis/Mand*, Kabelweiterleitung und urheberrechtliche Vergütung, 2003, passim, insbes. S. 16 ff.; *Mand*, ZUM 2003, 812 ff.; *Conrad*, GRUR 2003, 561 (563 ff.); *Ehrhardt,* ZUM 2004, 300 ff.; *Spindler*, MMR 2003 Beilage zu Heft 2.

unternehmens, andererseits die urheberrechtlichen Auswirkungen des in Deutschland praktizierten Transportmodells. Darüber hinaus ist die international einmalige Vorschrift des § 20 b Abs. 2 UrhG in ihrer Bedeutung und Tragweite zu würdigen und kritisch zu hinterfragen.

Die Monografie zielt nicht nur darauf ab, Schwachpunkte des geltenden Rechts aufzudecken. Vielmehr sollen auch Regelungsalternativen de lege ferenda aufgezeigt werden. Dies lenkt den Blick auf die internationalen Übereinkommen zum Urheberrecht und die Rechtsentwicklung in anderen Staaten. Nicht Gegenstand der Untersuchung sind urheberrechtliche Fragestellungen, die spezifisch die Weiterleitung von Rundfunkprogrammen auf der Netzebene 4 betreffen. Ausgeklammert bleibt insbesondere die urheberrechtliche Behandlung von Gemeinschaftsantennen und Verteilanlagen.

B) Gang der Untersuchung

Welche Übermittlungsvorgänge dem Kabelweitersenderecht unterfallen und vor allem wer in welcher Höhe für die urheberrechtliche Nutzung der betreffenden Senderechte einzustehen hat, hängt stark von den technischen, wirtschaftlichen und vertraglichen Rahmenbedingungen der Weiterleitung von Rundfunkprogrammen in Breitbandkabelnetzen ab. Insoweit bestehen international zum Teil erhebliche Unterschiede. In einem ersten Teil sollen daher Aufbau und Struktur der Kabelnetze in Deutschland sowie die Vertragspraxis kurz skizziert werden.

Da bereits die Grundlagen des Rechts der Kabelweitersendung umstritten sind, ist das Kabelweitersenderecht anschließend in das System der urheberrechtlichen Verwertungsrechte einzuordnen. Darauf aufbauend bleibt zu klären, ob die Kabelweiterverbreitung von Rundfunkprogrammen im Versorgungsbereich bzw. im intendierten Sendebereich des Ursprungssendeunternehmens de lege lata in das Senderecht der Urheber eingreift und urheberrechtliche Vergütungsansprüche begründet. De lege ferenda ist unter Beachtung der internationalen Abkommen zum Urheberrecht und der Regelungen in einigen Staaten nach Möglichkeiten zu suchen, die Interessen von Urhebern, Verbrauchern und Werknutzern bei derartigen Weitersendevorgängen auszugleichen und möglichst optimal zur Geltung zu bringen.

Einen weiteren Schwerpunkt der Untersuchung bildet die Unterscheidung zwischen dem reinen Transport programmtragender Signale über das Kabelnetz einerseits und eigenverantwortlich kontrollierten Kabelweitersendungen im Sinne der §§ 20, 20 b UrhG andererseits. Für terrestrische und über Satellit ausgestrahlte Sendungen ist eine entsprechende Differenzierung zwischen Sendevorgängen und technischen Hilfsdiensten seit langem anerkannt. Im internationalen Urheberrecht ist sie für das Recht der öffentlichen Wiedergabe in allgemeiner Form auch ausdrücklich positiviert. Im Bereich der Kabelweiterleitung von Rundfunkprogrammen scheint das deutsche Recht hingegen stets den Kabelbetreiber urheberrechtlich für den Weitersendevorgang verantwortlich zu machen, selbst wenn dieser lediglich technische Hilfe bei der Verbreitung fremder Sendungen leistet. Es ist daher zu prüfen, ob die allgemeinen Regeln auch im Bereich der Kabelweitersendung gelten und gegebenenfalls, ob im deutschen Recht eine klarstellende Regelung zur urheberrechtlichen Verantwortlichkeit bei Kabelweitersendevorgängen getroffen werden sollte.

Schließlich ist die Vorschrift des § 20 b Abs. 2 UrhG näher zu analysieren und zu bewerten. Sie weicht von den Vorgaben der Satelliten- und Kabelrichtlinie ab und war deshalb bereits während des Gesetzgebungsverfahrens äußerst umstritten. Durch die Novellierung des Urhebervertragsrechts durch das Gesetz zur Stärkung der vertraglichen Stellung von Urhebern und ausübenden Künstlern ist § 20 b Abs. 2 UrhG erneut in den Mittelpunkt der Diskussion gerückt. So fragt sich nicht nur, ob der in § 20 b Abs. 2 UrhG normierte gesetzliche Vergütungsanspruch mit dem europäischen Recht in Einklang zu bringen ist. Kritisch zu prüfen ist auch, ob die neuen vertraglichen Korrekturansprüche die Legitimation und das Bedürfnis für den gesetzlichen Vergütungsanspruch entfallen lassen.

Die Monografie endet mit einer Zusammenfassung der Ergebnisse in Thesenform.

Teil 1: Marktstruktur und Vertragspraxis im Bereich der Kabelweiterleitung von Rundfunkprogrammen in Deutschland

A) Aufbau und Struktur der Kabelnetze

Die Kabelweiterleitung von Rundfunkprogrammen setzt eine spezielle technische Infrastruktur voraus. In Deutschland lassen sich vier Netzebenen unterscheiden, die ein Programm durchläuft, bevor es vom Privatkunden empfangen werden kann.[6] Diese Aufgliederung ist nur hinsichtlich der Netzebenen 1 – 3 üblich und durch technische Erfordernisse bedingt. Dagegen ist die Unterscheidung zwischen Netzebene 3 und 4 das Ergebnis eines politischen Kompromisses, der letztlich zu einem vielfältigen und heterogenen Spektrum von Kabelnetzbetreibern in Deutschland geführt hat.

I. Unterteilung in vier Netzebenen

Ihren Ausgang nimmt die Weiterleitung von Rundfunkprogrammen auf Netzebene 1. Von einem Studio werden die dort produzierten Rundfunkprogramme über die Netzebene 2 an die nachgelagerte Netzebene 3 herangeführt. Dies kann über Richtfunk-, Kabel- oder Satellitenverbindungen geschehen. Auf Netzebene 2 speist die Kabelkopfstation die produzierten Inhalte in das Breitbandkabelnetz der Ebene 3 ein. Die Kabelkopfstation empfängt die Signale und konvertiert sie für den Kabelempfang. Die aufbereiteten Signale durchlaufen nun auf Netzebene 3 das so genannte Zuführungsnetz, das die Programme von den Kopfstationen bis zu den so genannten Übergabepunkten leitet. An den Übergabepunkt kann sowohl ein einzelnes Haus als auch ein gesamtes Wohngebiet angeschlossen werden. Die Netzebene 4 umfasst schließlich die Hausverkabelung. Sie führt das Signal vom Übergabepunkt bis zur Anschlussdose in den jeweiligen Wohneinheiten.

Die Unterscheidung zwischen Netzebene 3 und 4 ist ein Spezifikum des deutschen Kabelmarktes. Sie geht auf eine Vereinbarung der Deutschen Bundespost mit dem Zentralverband des Deutschen Handwerks aus dem Jahr 1984 zurück. Danach sollte das staatliche Kabelmonopol auf den öffentlichen Grund und Bo-

[6] Vgl. zur Aufteilung des Kabelnetzes in vier Netzebenen RegTP, MMR 1999, 299 (299 f.).

den begrenzt werden, um private Handwerksunternehmen, die einen Wegfall des Marktes für die Installation terrestrischer Empfangsanlagen befürchten mussten, wirtschaftlich am neu entstehenden Kabelmarkt zu beteiligen. Im Ergebnis stellt heute eine Vielzahl von Unternehmen auf der Netzebene 4 den unmittelbaren Kontakt zum Privatkunden her. Die auf Ebene 3 operierenden Kabelunternehmen erreichen dagegen nur etwa ein Drittel der Kabelkunden unmittelbar und sind daher auf Kooperationen mit Unternehmen der nachgeordneten Netzebene 4 angewiesen.

II. Netzebene 3

Seit Anfang der 80er Jahre hatten die Deutsche Bundespost und ihr Rechtsnachfolgerunternehmen, die Deutsche Telekom AG (DTAG) das Kabelnetz der Ebene 3 aufgebaut und betrieben. Am 1. Januar 1999 brachte die DTAG das Kabelgeschäft in ihre Konzerntochter, die Kabel Deutschland GmbH (KDG), ein. Die KDG teilte ihrerseits ihr gesamtes operatives Geschäft in neun verschiedene Regionalgesellschaften auf, um die Anteile an diesen Gesellschaften zu verkaufen.

Die Veräußerung der Kabelregionalgesellschaften erwies sich als schwierig. Erst 2003 konnte sich DTAG vollständig vom Kabelgeschäft trennen. Nach einem Konsolidierungsprozess gibt es seit dem 1.1.2004 noch vier Kabelregionalgesellschaften: die ish GmbH & Co. KG in Nordrhein-Westfalen, die iesy Hessen GmbH & Co. KG in Hessen, die Kabel Baden-Württemberg GmbH & Co. KG in Baden-Württemberg und die Kabel Deutschland Vertrieb- und Service GmbH & Co. KG[7] in den restlichen Landesteilen[8]. In der Kabel Deutschland Vertrieb und Service GmbH & Co. KG sind die in diesen Landesteilen bisher bestehenden sechs Regionalgesellschaften aufgegangen.

Im April 2004 kaufte die Kabel Deutschland Vertrieb und Service GmbH & Co. KG die anderen drei Kabelgesellschaften. Das Vorhaben wurde dem Bundeskartellamt angezeigt. Die kartellrechtliche Prüfung ist aber noch nicht abgeschlossen.

---

[7] Nicht zu verwechseln mit der früheren Kabel Deutschland GmbH (KDG), die inzwischen in DeTeBK-Holding umfirmiert hat.

[8] Die jeweils versorgten Kabelgebiete stimmen nicht vollständig mit den Landesgrenzen überein, decken sich mit diesen jedoch im Wesentlichen.

III. Netzebene 4

Die strukturelle Trennung von der Netzebene 3 hat auf dem Kabelmarkt der Ebene 4 zu einer starken Fragmentierung der Netzbetreiber geführt. Neben fünf großen überregionalen Betreibern besetzen ca. 1.000 Unternehmen der Wohnungswirtschaft und ca. 5.000 kleinere Betriebe den Kabelmarkt der Netzebene 4. Insgesamt unterhalten diese Betreiber ca. 68 % der direkten Kundenbeziehungen.

Rund 30 % der direkten Privatkundenbeziehungen fallen auf die großen überregionalen Kabelbetreiber TeleColumbus GmbH, Primacom AG, Robert Bosch GmbH, EWT/TSS und die Rechtsnachfolger DeTeKabelService GmbH mit jeweils mehr als 500.000 angeschlossenen Wohneinheiten. Sie versorgen zusammen insgesamt ca. 8 Mio. Haushalte und verfügen teilweise auch über eigene Kabelkopfstationen. Insoweit sind sie von der Zulieferung durch die regionalen Netzbetreiber der Ebene 3 unabhängig.

Die Unternehmen der Wohnungswirtschaft unterhalten ca. 24 % der Privatkundenbeziehungen. Wohnungsbaugesellschaften und Hausverwaltungen betreiben die Kabelweiterleitung selbständig und sind daher von externen Betreibern der Netzebene 4 unabhängig. Die restlichen ca. 14 % der direkten Endkundenversorgung liegen bei kleineren Betrieben wie etwa Gemeinschaftsantennenbetreibern oder Antennenanlageninstallationsbetrieben. Wohnungswirtschaft und kleinere Betriebe zusammen versorgen etwa 4,2 Mio. Wohneinheiten.

B) Vertragspraxis

Die Vertragspraxis im Bereich der Kabelweiterleitung von Rundfunkprogrammen ist außerordentlich komplex und vielschichtig. Dies beruht nur zum Teil darauf, dass mit Kabelbetreibern der verschiedenen Netzebenen, Sendeunternehmen und Urhebern bzw. Leistungsschutzberechtigten, deren Rechte wiederum von verschiedenen Verwertungsgesellschaften wahrgenommen werden, sehr viele Akteure an den Verträgen beteiligt sind. Entscheidend zur Komplexität trägt auch das Recht bei, das in §§ 20, 20 b Abs. 1 UrhG ein Verbotsrecht des Urhebers statuiert, daneben aber bei einer Einräumung des Kabelweitersenderechts an Sendeunternehmen, Film- oder Tonträgerhersteller noch einen gegebenenfalls ergänzenden Vergütungsanspruch gegen die Kabelunternehmen vorsieht. Schließlich unterscheidet sich der deutsche Kabelmarkt, der ganz überwiegend nach dem Transportmodell verfasst ist, deutlich von den meisten anderen Staaten in Europa und den USA. Selbst im Grundsätzlichen besteht deshalb zwischen den Akteuren keine Einigkeit darüber, wer in welchem Umfang für den Weitersendevorgang urheberrechtlich einzustehen und den Urhebern bzw. Leistungsschutzberechtigten eine angemessene Vergütung zu zahlen hat.

Letztlich hat dies zu einer Vielzahl von Gesamtverträgen und bilateralen Vereinbarungen geführt, die ineinander greifen und ein intransparent erscheinendes vertragliches Gesamtgeflecht bilden. Die meisten Abreden tragen angesichts konträrer Auffassungen über die grundsätzliche Vergütungspflicht der einzelnen Akteure wie auch über deren Höhe Vergleichscharakter. Über zahlreiche Einzelfragen konnte bisher überhaupt keine Einigung erzielt werden, andere Vereinbarungen sind in ihrer rechtlichen Wirksamkeit und Reichweite zwischen den Beteiligten umstritten.

Im Folgenden sollen die wesentlichen vertraglichen Vereinbarungen der Kabelbetreiber der Netzebene 3 mit den Sendeunternehmen und Verwertungsgesellschaften, soweit sie für die sich stellenden urheberrechtlichen Fragen von Bedeutung sind, kurz skizziert werden.

I. Entwicklung

Die Deutsche Telekom AG (DTAG) hat die Verbreitung von analogen Fernsehprogrammen in den von ihr bis zum 31.12.1998 betriebenen Kabelnetzen in zwei Kabelglobalverträgen vom 21.11.1991 (Vertrag über die Weiterübertragung von Fernsehprogrammen in Breitbandverteilnetzen und Vertrag über die Weiterübertragung von Hörfunkprogrammen in Breitbandverteilnetzen der Deutschen Bundespost Telekom: zusammen im Folgenden als Kabelglobalvertrag 1991 bezeichnet)[9] sowie in einzelnen Satelliten-Einspeiseverträgen mit den Sendeunternehmen geregelt. Der Kabelglobalvertrag 1991 und die Satelliten-Einspeiseverträge galten auch nach den Teilveräußerungen des von der DTAG

[9] Vertragspartner des Kabelglobalvertrags war zunächst die Deutsche Bundespost Telekom, die durch die Postreform II im Jahre 1994 privatisiert wurde (Art. 143 b Abs. 1 bzw. Art. 87 f Abs. 2 GG). Im Zuge dieser Privatisierung ist die Deutsche Telekom AG in die Vertragsbeziehungen mit den Rechteinhabern eingerückt.

betriebenen Kabelnetzes weiter. Teilweise wurden die Verträge bereits im Außenverhältnis wirksam auf die regionalen Kabelgesellschaften übergeleitet. Im Übrigen führte die damalige DTAG-Tochter KDG bzw. die DTAG die Verträge für eine Übergangszeit treuhänderisch[10] fort.

Die DTAG kündigte schließlich den Kabelglobalvertrag 1991 zum Ende 2001, nachdem die GEMA für die Rechteinhaber im Jahr 2000 eine Überleitung des Vertrags auf die ausgegliederten Regionalgesellschaften der KDG abgelehnt hatte. Die Wirksamkeit der Kündigung blieb zwischen den Beteiligten umstritten. Im Ergebnis wendete man den Kabelglobalvertrag – nach ergebnislosen Verhandlungen über ein Moratorium in der Zwischenzeit – faktisch weiterhin an. Unstreitig wirksam wurde die Kündigung der DTAG dann zum 31.12.2002.

Bereits im Jahr 2001 begannen Verhandlungen zwischen den Kabelregionalgesellschaften und der GEMA über einen neuen Kabelglobalvertrag. In diese Verhandlungen wurden im Laufe des Jahres 2002 alle Rechteinhaber, aber auch die Vertreter der Wohnungswirtschaft und die ANGA[11] einbezogen. Am 19.12.2002 konnte ein grundsätzlicher Vergleich erzielt werden, dessen Wirksamkeit jedoch lange Zeit in der Schwebe blieb. Nach dem Vergleich soll der alte Kabelglobalvertrag mit gewissen Modifikationen bis 2006 weiter gelten. Nicht am Vergleich beteiligt ist die VG Media, welche die Rechte zahlreicher privater Rundfunkunternehmen wahrnimmt. Sie hat eigenständig mit den Kabelregionalgesellschaften verhandelt und abgesehen von der iesy Hessen GmbH & Co. KG mit den Kabelregionalgesellschaften inzwischen eigene Gesamtverträge abgeschlossen.

II. Verträge der DTAG bzw. der Kabelregionalgesellschaften im Einzelnen

1. Kabelglobalvertrag 1991

Mit dem Kabelglobalvertrag 1991 schlossen Urheber, ausübende Künstler und Filmhersteller vertreten durch die zuständigen Verwertungsgesellschaften, die in- und ausländischen Sendeunternehmen sowie die damalige Deutsche Bundespost als Rechtsvorgängerin der DTAG eine der zeitlich ersten Vereinbarungen

[10] In wirtschaftlicher Hinsicht waren auch aus solchen übergangsweise bestehenden Verträgen nur die regionalen Kabelgesellschaften berechtigt und verpflichtet.

[11] Im Verband privater Kabelnetzbetreiber e.V. (ANGA) sind zahlreiche unabhängige Netzbetreiber insbes. der Netzebene 4 zusammengeschlossen, die neben den aus der DTAG hervorgegangenen Kabelunternehmen Kabelanschlussleistungen anbieten.

über die Kabelweitersendung von Rundfunksendungen in Deutschland ab. Der Vertrag ist inhaltlich Grundlage und Bezugspunkt der nachfolgend getroffenen Abreden.

Gegenstand des Globalvertrags 1991 war gemäß § 1 Abs. 2 und 3 die Einräumung der Befugnis, die über terrestrische Rundfunksender übertragenen Rundfunkprogramme der am Vertrag beteiligten Sendeunternehmen, „soweit sie am Ort des Breitbandverteilnetzes drahtlos empfangbar sind", in den Breitbandverteilnetzen weiterzuübertragen. Der Kabelglobalvertrag 1991 regelte also ausschließlich die Kabelweitersendung terrestrisch zu empfangender Rundfunkprogramme. Satellitenprogramme waren nur dann einbezogen, wenn sie auch terrestrisch empfangbar waren[12].

Ergänzt wurde die Rechteeinräumung durch die in § 6 Abs. 1 des Vertrages enthaltene Freistellungsklausel. Die Vertragsbestimmung lautete:

„Bezüglich der Programme, auf die sich die Rechtseinräumung nach § 1 bezieht, stellen die Rechteinhaber die Telekom von allen urheberrechtlichen Ansprüchen – einschließlich der Ansprüche aus verwandten Schutzrechten – Dritter frei, die nicht durch die Rechteinhaber vertreten werden, deren Rechte jedoch in die Kategorie der Rechte fallen, die diese innehaben oder wahrnehmen."

Mit dieser Klausel wiesen die Vertragspartner das Risiko einer Inanspruchnahme der Kabelbetreiber durch Urheber und Rechtsinhaber, deren Rechte nicht von den Sendeunternehmen erworben oder von den am Vertrag beteiligten Verwertungsgesellschaften vertreten wurden, den Sendeunternehmen und Verwertungsgesellschaften zu. Die Freistellungsklausel war vor allem deshalb notwendig, weil im Zeitpunkt des Vertragsschlusses die Verwertungsgesellschaftspflicht der Ansprüche aus der Kabelweitersendung gemäß § 20 b UrhG noch nicht bestand. Es war insoweit fraglich, in welchem Umfang die am Vertrag beteiligten Sendeunternehmen und Verwertungsgesellschaften tatsächlich über die Kabelweitersenderechte verfügten.

---

[12] Die hiermit vereinbarte Rechteeinräumung und Freistellung bezog sich jeweils auf das gesamte Programm, unabhängig davon, ob die am Vertrag beteiligten Rechteinhaber auch über die Kabelweitersenderechte in vollem Umfang verfügten oder nicht. Denn der DTAG sollte es ermöglicht werden, ihr Kabelnetz ohne die Belastung durch mögliche Verbotsrechte Dritter zu betreiben, BGH, ZUM 2000, 749 (752) – Kabelweitersendung; *Gounalakis/Mand*, Kabelweiterleitung und urheberrechtliche Vergütung, 2003, S. 8 f.; a.A. *Ehlgen*, ZUM 2000, 753 (754).

Für die Einräumung der Kabelweitersenderechte verpflichtete sich die DTAG zur Zahlung einer Vergütung in Höhe von 4% der monatlichen Bruttoentgelte für die Überlassung der Kabelanschlüsse an die Endverbraucher. Die Zahlung erfolgte gemäß § 5 des Vertrages an die GEMA als gemeinsamer Inkassostelle der Rechteinhaber. Über die interne Verteilung der Vergütungszahlung trafen die Rechteinhaber eine separate Vereinbarung. Nach dieser Vereinbarung wurde die Gesamtvergütung durch die DTAG zunächst im Verhältnis 85:15 zwischen Fernseh- und Hörfunkprogrammen aufgeteilt. Die Fernsehvergütung wurde sodann wie folgt gesplittet: 41% erhielten die in- und ausländischen Fernsehunternehmen, 24% entfielen auf die Verwertungsgesellschaften GEMA, VG Wort, GVL und VG Bild-Kunst. Die restlichen 35% gingen an die Filmverwertungsgesellschaften. Der Westdeutsche Rundfunk als zweite Inkassostelle leitete den auf die Sendeunternehmen entfallenden Anteil von 41% zu 90% an ausländische Sendeunternehmen weiter. Unter Berücksichtigung einzelner Abzugsposten entfiel danach auf alle inländischen Sendeunternehmen zusammen ein Anteil von lediglich ca. 0,1 % der monatlichen Bruttoanschlussentgelte der DTAG.

Eine weitere Leistungspflicht hat die DTAG im Kabelglobalvertrag 1991 nicht explizit übernommen. Nach dem Vertrag war die DTAG nur berechtigt, nicht aber verpflichtet, die über terrestrische Rundfunksender übertragenen Fernsehprogramme der am Vertrag beteiligten Sendeunternehmen in ihrem Kabelnetz weiterzusenden.

2. Vergleich zur Fortgeltung des Kabelglobalvertrags 1991

Kurz vor der rechtsverbindlichen Kündigung des Kabelglobalvertrags 1991 zum 31.12.2002 konnte zwischen den Verwertungsgesellschaften mit Ausnahme der VG Media, den Sendeunternehmen, soweit ihre Rechte nicht von der VG Media wahrgenommen werden, und den Kabelregionalgesellschaften ein Vergleich erzielt werden. Dessen Wirksamkeit blieb lange Zeit aber mit Unsicherheiten behaftet. Erst mit Schreiben vom 29.3.2004 bestätigte die GEMA im Namen der Rechteinhaber, dass die Vergleichsbestimmungen wirksam geworden sind.

In dem Vergleich ist prinzipiell vereinbart, den zum 31.12.2002 gekündigten Kabelglobalvertrag 1991 „für den Zeitraum vom 1.1.2003 bis zum 31.12.2006 wieder in Kraft zu setzen“. Danach soll der Vertrag enden, ohne dass es einer

Kündigung bedarf. Für die Wiederinkraftsetzung haben die Parteien jedoch zahlreiche Modifikationen und Klarstellungen vereinbart. Die wichtigsten Änderungen betreffen den Umfang der Rechteeinräumung und die Vergütung. Hinsichtlich der Rechteeinräumung erweitert der Vergleich den Kabelglobalvertrag 1991 explizit auf Satellitenprogramme. In der modifizierten Fassung des Vergleichsvertrags erfasst der Kabelglobalvertrag also die terrestrische und die satellitäre Einspeisung von Programmen gleichermaßen. Unerheblich ist, ob es sich um analoge oder digitale Programme handelt.

Die Vergütung zählte aufgrund der bereits im Grundsatz umstrittenen Verteilung der urheberrechtlichen Verantwortlichkeit und den differierenden Ansichten über die Höhe der angemessenen Vergütung zu den besonders problematischen Regelungen. Es gelang den Parteien nicht, wie im Kabelglobalvertrag 1991 eine prozentuale Beteiligung an den Bruttoanschlussentgelten zu vereinbaren. Stattdessen wurde eine pauschale Vergütungsregelung getroffen, mit der „auch die Ansprüche aus § 20 b II UrhG abgegolten [sind]". Allerdings konnte zwischen den Kabelbetreibern und den in der ARGE Kabel zusammengeschlossenen Verwertungsgesellschaften GVL, VG Bild-Kunst und VG Wort keine Einigung darüber erzielt werden, ob die nach dem Ausscheiden der VG Media aus den Vergleichsverhandlungen anteilig gekürzte Vergütung etwaige Ansprüche der ARGE Kabel nach § 20 b Abs. 2 UrhG in Bezug auf die von der VG Media vertretenen Programme angemessen abdeckt. Die ARGE Kabel versucht diese Ansprüche nunmehr streitig durchzusetzen.

3. Vergütungsvertrag VG Media

Die VG Media hat anders als die anderen Verwertungsgesellschaften den Vergleich zur Fortgeltung des Kabelglobalvertrags nicht akzeptiert[13] und stattdessen separat mit den Kabelbetreibern sowie mit der DTAG und der KDG verhandelt.

[13] Die VG Media befürchtete, nach der internen Verteilung der gezahlten Vergütung für die Weitersenderechte zwischen den Sendeunternehmen und Verwertungsgesellschaften nur einen Anteil zu erhalten, der ihrer Ansicht nach die wahrgenommenen Rechte der privaten Programmveranstalter nicht angemessen abgegolten hätte. Die eigenen Vergütungsvorstellungen hatte die VG Media in dem kurz zuvor veröffentlichten VG Media Tarif dargelegt, vgl. Bundesanzeiger vom 20.9.2002, S. 22304. Dieser Tarif hätte durch eine Beteiligung der VG Media an dem Vergleichsvertrag sofort an Bedeutung verloren. Die VG Media nahm daher auch die im Vergleich vom 19.12.2002 vorgesehene befristete Beitrittsmöglichkeit nicht wahr.

Die Verhandlungen führten im April 2003 zu einer vergleichsweisen Einigung zwischen der VG Media und der ish GmbH & Co. KG, der Kabel Baden-Württemberg GmbH & Co. KG sowie sechs weiteren Regionalgesellschaften (heute Kabel Deutschland Vertrieb und Service GmbH & Co. KG)[14]. Keine Einigung konnte die VG Media mit der iesy Hessen GmbH & Co. KG erzielen. Die Parteien führen seit diesem Zeitpunkt einen grundsätzlichen Rechtsstreit vor der Schiedsstelle des Deutschen Patent- und Markenamtes. Die iesy Hessen GmbH & Co. KG macht insbesondere geltend, sie könne für den bloßen fremdnützigen Signaltransport nicht in Anspruch genommen werden.

Der von der VG Media mit den übrigen Kabelbetreibern geschlossene Vergleich setzt den Kabelglobalvertrag 1991 im Gegensatz zur Vereinbarung zwischen Kabelbetreibern und den übrigen Rechteinhabern nicht wieder in modifizierter Form in Kraft. Vielmehr handelt es sich um eine Neuregelung, welche die Regelungen des Kabelglobalvertrags 1991 und des Vergleichsvertrags zur Fortgeltung des Kabelglobalvertrags 1991 teilweise aufgreift, teilweise aber auch davon abweichende Bestimmungen trifft.

In den zentralen Punkten lehnt sich der von der VG Media mit den Kabelbetreibern geschlossene Vergleich dem Vergleichsvertrag zur Fortgeltung des Kabelglobalvertrags 1991 an. So schließt der Vertrag nach § 2 Abs. 1 ebenfalls die Kabelweitersenderechte für Satellitenprogramme ein. Auch die Vergütungshöhe bemisst sich gemäß § 4 nicht nach einem prozentualen Anteil an den Bruttoanschlussentgelten der Kabelbetreiber. Diese haben stattdessen eine pauschale Vergütung zu zahlen.

Dagegen weicht der Vergütungsvertrag VG Media zum einen hinsichtlich der Laufzeit des Vertrags vom Vergleichsvertrag zur Fortgeltung des Kabelglobalvertrags ab. Der Vertrag hat gemäß § 5 Abs. 1 eine Laufzeit nur bis Ende 2005, verlängert sich aber jeweils um ein Jahr, wenn er nicht mit einer Frist von drei Monaten zum Jahresende gekündigt wird. Zum anderen trifft der Vertrag in § 6 differenzierende Regelungen zur analogen und digitalen Nutzung der Kabelweitersenderechte und sieht in § 3 eine komplexe Freistellungsvereinbarung zugunsten der Kabelbetreiber vor.

---

[14] Für diese Regionalgesellschaften führte die DTAG aufgrund eines vertraglichen Verhandlungsmandats die Verhandlungen.

4. Einspeiseverträge

Neben den dargestellten Globalverträgen und Vergleichsverträgen enthalten auch die bilateral zwischen Kabelbetreibern und Sendeunternehmen abgeschlossenen Einspeiseverträge urheberrechtlich relevante Regelungen. Die Einspeiseverträge werden inzwischen von den einzelnen Kabelregionalgesellschaften ausgehandelt und unterscheiden sich insoweit teilweise voneinander. Hinsichtlich der urheberrechtlich maßgebenden Bestimmungen lässt sich für sie jedoch allgemein Folgendes festhalten:

Das Sendeunternehmen übernimmt in den Verträgen regelmäßig die Verpflichtung, dem Kabelunternehmen die Rundfunksignale seines Programms zum Zwecke der Weiterverbreitung in dessen Kabelnetz zur Verfügung zu stellen und alle für die Kabelweitersendung erforderlichen Rechte, Lizenzen und Genehmigungen rechtzeitig zu erwerben. Dabei ist es teilweise ausdrücklich verpflichtet, die erworbenen Rechte angemessen abzugelten. Ferner übernimmt das Sendeunternehmen eine möglichst umfassende und betragsmäßig nicht beschränkte Freistellungsverpflichtung zugunsten des Kabelunternehmens hinsichtlich urheberrechtlicher Ansprüche Dritter[15]. Schließlich verpflichtet sich das Sendeunternehmen für die „Dienstleistung nach diesem Vertrag" ein Entgelt an den Kabelnetzbetreiber zu entrichten.

Die Hauptleistung der Kabelbetreiber besteht in der Weitersendung des jeweiligen Fernsehprogramms in ihrem Kabelnetz. Dabei trifft die Kabelbetreiber eine prinzipielle Pflicht zur zeitgleichen und unveränderten Weiterleitung der Programme[16].

---

[15] Die Freistellungsklauseln zugunsten der Kabelnetzbetreiber in den Einspeiseverträgen sind zwischen den Beteiligten seit einiger Zeit besonders umstritten, vgl. dazu auch *Gounalakis/Mand*, Kabelweiterleitung und urheberrechtliche Vergütung, 2003, S. 2 und passim.

[16] Ausführlich *Gounalakis/Mand*, Kabelweiterleitung und urheberrechtliche Vergütung, 2003, S. 15 ff.

Teil 2: Kabelweitersendung als urheberrechtlicher Verwertungstatbestand

A. Definition des Kabelweitersenderechts

In § 20 b Abs. 1 S. 1 UrhG wird das Recht der Kabelweitersendung in Anlehnung an Art. 1 Abs. 3 der Satelliten- und Kabelrichtlinie[17] legaldefiniert. Unter dem Kabelweitersenderecht ist danach das Recht zu verstehen, „ein gesendetes Werk im Rahmen eines zeitgleich, unverändert und vollständig über Kabelsysteme weiterzuübertragenden Programms durch Kabelsysteme oder Mikrowellensysteme weiterzusenden". Die Kabelweitersendung setzt also eine Erstsendung voraus. Hierbei kann es sich um terrestrisch ausgestrahlte Sendungen handeln, die der Kabelbetreiber für die Weiterleitung auffängt und aufbereitet. Erstsendung kann aber auch jede andere Funksendung sein. Praktisch kommen insoweit in erster Linie Satellitensendungen in Betracht, die von dem Kabelbetreiber empfangen, verstärkt und eingespeist werden.

Abzugrenzen ist die Kabelweitersendung von der primären Kabelsendung und von der modifizierten Kabelweiterübertragung[18]. Eine primäre Kabelsendung liegt vor, wenn das Programm erstmalig per Kabel übertragen wird. Als modifizierte Kabelweiterübertragung bezeichnet man die zeitversetzte, verkürzte oder aber im Inhalt veränderte Weiterleitung eines bereits gesendeten fremden Rundfunkprogramms.

B. Urheberrechtliche Einordnung der Kabelweitersendung

Grundlage der urheberrechtlichen Beurteilung der Kabelübertragung von Rundfunkprogrammen ist das dem Urheber zustehende Senderecht. Im Rahmen des nicht abschließenden Katalogs der Verwertungsrechte gemäß § 15 UrhG ist es in § 15 Abs. 2 Nr. 2 UrhG explizit als Fall des ausschließlichen Rechts des Urhe-

[17] Der deutsche Gesetzgeber hat die Terminologie der Richtlinie im Interesse der Vereinfachung und Einheitlichkeit den deutschen Begriffen angepasst.

[18] *Nordemann*, in: Fromm/Nordemann, UrhR, 9. Aufl. 1998, § 20 b Rn. 1; *Gounalakis*, Kabelfernsehen im Spannungsfeld von Urheberrecht und Verbraucherschutz, UFITA Schriftenreihe, Bd. 80, 1989, S. 49 ff.; *Schricker*, Urheberrechtliche Probleme des Kabelrundfunks, 1986, S. 37 ff.; *Mand*, GRUR 2004, 395 (396), je m.w.N.

bers genannt, sein Werk in unkörperlicher Form öffentlich wiederzugeben (Recht der öffentlichen Wiedergabe).

I. Sendung im Sinne des § 20 UrhG

Nach der Definition in § 20 UrhG gewährt das Senderecht das Recht, das Werk durch Funk der Öffentlichkeit zugänglich zu machen. Der Funkbegriff ist ausweislich der Gesetzesbegründung weit zu verstehen. Er umfasst jede Übertragung von Zeichen, Tönen oder Bildern durch elektromagnetische Wellen, die von einer Sendestelle drahtlos oder drahtgebunden ausgestrahlt werden und an anderen Orten von einer beliebigen Zahl von Empfangsanlagen aufgefangen und wieder in Zeichen, Töne oder Bilder zurückverwandelt werden können[19].

Der Begriff der Öffentlichkeit in § 20 UrhG ergibt sich nach herrschender Ansicht aus der Definition in § 15 Abs. 3 UrhG[20]. Danach ist eine Wiedergabe nur dann öffentlich, wenn sie für eine Mehrzahl von Personen bestimmt ist. Allerdings spricht § 20 UrhG nicht nur von „öffentlich", sondern von „Öffentlichkeit". Es genügt deshalb nicht, dass das Werk per Funk öffentlich ausgestrahlt wird. Um unter das Senderecht zu fallen, muss der öffentliche Empfängerkreis auch als Öffentlichkeit angesprochen werden können[21]. Vom Senderecht erfasst sind daher nur solche Signalübermittlungen, an deren Ende Mitglieder der Öffentlichkeit, d.h. die Letztverbraucher, ohne weiteres aktives Hinzutun Dritter die Signale wahrnehmen können[22]. Die Übermittlung an eine Kabelkopfstation, z.B. mittels Richtfunks, teilt das Werk also noch nicht im Sinne der §§ 20, 15 Abs. 2 Nr. 2, Nr. 3 UrhG einer Öffentlichkeit mit[23]. Eine Haftung desjenigen, der die Signale an die Kabelkopfstation weiterleitet, kommt lediglich unter dem

---

[19] Begr. zu § 20 UrhG, BT-Drs. IV/270, S. 50; BGHZ 79, 350 (353) - Kabelfernsehen in Abschattungsgebieten; BGH, GRUR 1988, 206 (209 f.) - Kabelfernsehen II.

[20] BGHZ 79, 350 (354) - Kabelfernsehen in Abschattungsgebieten; BGHZ 123, 149 (151) – Verteileranlagen, *v. Ungern-Sternberg*, in: Schricker, UrhG, 2. Aufl. 1999, § 20 Rn. 31 m.w.N. A.A. dagegen *Ulmer*, GRUR 1980, 582 (585 ff.); *Schricker*, Urheberrechtliche Probleme des Kabelrundfunks, 1986, S. 51, die den Begriff der Öffentlichkeit zur Abgrenzung zwischen Sende- und Empfangsvorgängen heranziehen und in § 20 UhrG eine weitergehende Öffentlichkeit verlangen als in § 15 Abs. 3 UrhG. Zur Abgrenzung von Sende- und Empfangsvorgängen vgl. unten, Teil 2 C.

[21] *V. Ungern-Sternberg*, in: Schricker, UrhG, 2. Aufl. 1999, § 20 Rn. 8.

[22] *Dreier*, in: Dreier/Schulze, § 20 Rn. 9.

[23] *V. Ungern-Sternberg*, in: Schricker, UrhG, 2. Aufl. 1999, § 20 Rn. 8; *Dreier*, in: Dreier/Schulze, § 20 Rn. 9.

Gesichtspunkt einer Beteiligung an fremden Urheberrechtsverletzungen bei der Ausstrahlung in Betracht[24]. Ob Kabelbetreiber der Netzebene 3 eine eigene, selbständig vergütungspflichtige Sendung veranstalten, wenn sie ein Programm zwar aufgrund eigener Initiative in ihr Netz einspeisen, die Programmsignale aber nicht an die Letztverbraucher, sondern lediglich an die Kopfstationen von Kabelbetreibern der Netzebene 4 liefern, erscheint vor diesem Hintergrund zumindest fraglich[25].

Sofern das Programm der Öffentlichkeit mitgeteilt wird, schließt die weite Definition des Senderechts unstreitig primäre Kabelsendungen ein[26]. § 20 UrhG erfasst jedoch auch das Kabelweitersenderecht[27]. Dies ist seit jeher für die modifizierte Kabelweiterübertragung anerkannt. Nach einigen Unklarheiten zu Beginn der Kabelübertragung von Rundfunkprogrammen in den 80er Jahren des letzten Jahrhunderts lässt sich heute aber nicht mehr bezweifeln, dass auch die zeitgleiche, unveränderte und vollständige Weiterübertragung von terrestrischen Rundfunksendungen oder Satellitensendungen über das Kabelnetz vom Senderecht gemäß § 20 UrhG erfasst sein kann[28]. Die 1998 eingefügte Vorschrift des § 20 b UhrG bestätigt dies. Sie regelt in Abs. 1 UrhG die Ausübung des Rechts. Zum Zwecke der Erleichterung des Rechtserwerbs können danach nur Verwertungsgesellschaften das Kabelweitersenderecht geltend machen[29]. Ergänzend statuiert § 20 b Abs. 2 UrhG einen unverzichtbaren Vergütungsanspruch des Urhebers,

---

[24] SchweizBG, GRUR Int. 1981, 642 (645) – Kabelfernsehanlage Rediffusion II; *Schricker*, Urheberrechtliche Probleme des Kabelrundfunks, 1986, S. 70 f.

[25] Eine urheberrechtliche Einstandspflicht in einem ähnlichen Fall bejahend dagegen OÖGH, ZUM-RD 2002, 393 (395 f.) mit dem fragwürdigen Hinweis auf die Definition der Kabelweitersendung in Art. 1 Abs. 3 der Kabel- und Satellitenrichtlinie, die nur eine „Weiterverbreitung" und keine „Wahrnehmbarmachung" der Signale verlange.

[26] Vgl. nur *v. Ungern-Sternberg*, in: Schricker, UrhG, 2. Aufl. 1999, § 20 Rn. 24.

[27] BGHZ 123, 149 (151 ff.) - Verteileranlagen; BGH, ZUM 2000, 749, 750; *v. Ungern-Sternberg*, in: Schricker, UrhG, 2. Aufl. 1999, § 20 Rn. 24 ff.; *Schricker*, Urheberrechtliche Probleme des Kabelrundfunks, 1986, S. 44 f.

[28] *V. Ungern-Sternberg*, in: Schricker, UrhG, 2. Aufl. 1999, § 20 Rn. 27. Aus der Zeit vor Einfügung des § 20 b UrhG s. BGH, GRUR 1988, 206 (209) - Kabelfernsehen II; *Gounalakis*, Kabelfernsehen im Spannungsfeld von Urheberrecht und Verbraucherschutz, UFITA Schriftenreihe, Bd. 80, 1989, S. 66; *Schricker*, Urheberrechtliche Probleme des Kabelrundfunks, 1986, S. 44 f. m.w.N.

[29] Ausgenommen von der Verwertungsgesellschaftspflichtigkeit sind gemäß § 20 b Abs. 1 S. 4 UrhG allein Rechte, die ein Sendeunternehmen in Bezug auf seine Sendungen geltend macht.

falls er das Kabelweitersenderecht einem Sendeunternehmen eingeräumt hat[30]. Grundlage des Kabelweitersenderechts bleibt trotz der Ausübungsregelungen in § 20 b Abs. 1 UrhG und des unter bestimmten Bedingungen bestehenden ergänzenden Vergütungsanspruchs gemäß § 20 b Abs. 2 UrhG aber weiterhin das Senderecht gemäß § 20 UrhG[31].

II. Qualifizierung als neues, eigenständiges Nutzungsrecht

Wie die zeitgleiche, vollständige und unveränderte Übertragung von Rundfunkprogrammen über das Kabelnetz als Verwertungshandlung in das System der urheberrechtlichen Verwertungs- und Nutzungsrechte einzuordnen ist, ist umstritten. Ein Großteil der neueren Kommentar-Literatur qualifiziert das Kabelweitersenderecht unter Hinweis auf die selbständige Regelung in § 20 b UrhG als ein gegenüber den herkömmlichen Sendevorgängen neues, eigenständiges Nutzungsrecht[32]. Die Rechtsprechung sieht in der Kabelweitersendung dagegen nach wie vor kein neues Nutzungsrecht, sondern lediglich eine Erweiterung bestehender Nutzungsmöglichkeiten[33].

Rechtliche Bedeutung hat die Streitfrage unter zwei Gesichtspunkten. Zum einen kann das Kabelweitersenderecht nur dann dinglich von sonstigen Verwertungsrechten geschützter Werke im Wege der Sendung abgespalten werden, wenn es sich davon als eigenständige Nutzungsart abhebt[34]. Zum anderen spielt

---

[30] Unberührt von den Regelungen bleiben nach § 20 b Abs. 2 S. 4 UrhG aber Tarifverträge und Betriebsvereinbarungen von Sendeunternehmen, soweit diese dem Urheber eine angemessene Vergütung für die Kabelweitersendung einräumen.

[31] So auch die Amtliche Begründung zum 4. UrhGÄndG, BT-Drs. 13/4796, S. 12 a.E. sowie die Beschlussempfehlung des Rechtsausschusses des Deutschen Bundestages, BT-Drs. 13/9856, S. 3 f. *V. Ungern-Sternberg*, in: Schricker, UrhG, 2. Aufl. 1999, § 20 Rn. 26 f.; *Dreier*, in: Dreier/Schulze, UrhG, 2004, § 20 b Rn. 1; *Mand*, GRUR 2004, 395 (396).

[32] *Dreier*, in: Dreier/Schulze, UrhG, 2004, § 20 b Rn. 1; *Ehrhardt*, in: Wandtke/Bullinger, UrhG, 2002, §§ 20-20 b Rn. 17; *Wandtke/Grunert*, in: Wandtke/Bullinger, UrhG, 2002, § 31 Rn. 44; *Nordemann*, in: Fromm/Nordemann, UrhG, 9. Aufl. 1998, § 20 b Rn. 1.

[33] BGHZ 133, 281 (287 ff.) – Klimbim; BGH, GRUR 2001, 826 (828, 830) – Barfuß im Bett; OLG München, ZUM-RD 2002, 77 (84) – Kehraus; OLG Hamburg, GRUR 1989, 590 – Kabelfernsehen; LG München I, ZUM 1986, 484 (486) (rechtskräftig). Zustimmend Rehbinder, UrhR, 13. Aufl. 2004, Rn. 220, 300; *Schwarz*, GRUR 1996, 836 (837).

[34] Zur Bedeutung der dinglichen Rechteeinräumung vgl. *Schricker*, in: Schricker, UrhG, 2. Aufl. 1999, Vor §§ 28 ff. Rn. 19 ff. Unberührt von der Einordnung bleibt in jedem Fall die Möglichkeit schuldvertragsrechtlicher Dispositionen über das Recht der Kabelweitersendung, BGHZ 133, 281 (289) – Klimbim.

die Qualifikation des Kabelweitersenderechts als neues Nutzungsrecht eine zentrale Rolle bei der Frage, auf welche Verwertungsvorgänge sich eine vertragliche Einräumung von Fernseh- und Hörfunkrechten im Lichte des § 31 UrhG erstreckt. Darüber hinaus ist die Einordnung des Kabelweitersenderechts aber auch allgemein für das Verständnis des Verwertungsvorgangs und die daran anknüpfende Vergütungspflicht von Bedeutung.

Für eine Einordnung des Kabelweitersenderechts als eigenständiges Nutzungsrecht scheint auf den ersten Blick die gesonderte Regelung in § 20 b UrhG zu sprechen. Zu berücksichtigen ist aber, dass die Vorschrift zur Umsetzung der Satelliten- und Kabelrichtlinie in das UrhG eingefügt wurde. Die Richtlinie verfolgt in ihrem Kabelteil allein das Ziel, den Erwerb der Rechte zur integralen Weiterleitung grenzüberschreitender Sendungen in Kabelnetzen zu erleichtern und damit den freien Dienstleistungsverkehr im Europäischen Binnenmarkt zu fördern[35]. Sie verpflichtet die Mitgliedstaaten, die Ausübung der Kabelweitersenderechte bei grenzüberschreitenden Kabelsendungen den Verwertungsgesellschaften vorzubehalten, soweit es sich nicht um Rechte von Sendeunternehmen handelt[36]. Die Umsetzung der gemeinschaftsrechtlichen Vorgaben in § 20 b UrhG allein vermag folglich die Eigenständigkeit des Nutzungsrechts nicht zu begründen. Auch soweit § 20 b UrhG über die Vorgaben der Richtlinie hinaus die innerdeutschen Kabelsendevorgänge erfasst, regelt die Vorschrift lediglich die Modalitäten der Ausübung des Kabelweitersenderechts. Rückschlüsse auf die Eigenständigkeit des Nutzungsrechts lassen sich daraus nicht überzeugend ableiten, zumal das Kabelweitersenderecht – im Gegensatz zum Recht der öffentlichen Zugänglichmachung gemäß § 19 a UrhG[37] – nicht in den beispielhaften Katalog der Rechte der öffentlichen Wiedergabe gemäß § 15 Abs. 2 UrhG aufgenommen wurde.

Ob es sich bei der Kabelweitersendung um ein eigenes, neues Nutzungsrecht handelt, muss deshalb letztlich anhand materiell-inhaltlicher Kriterien beurteilt werden. Ein eigenes Nutzungsrecht bezeichnet die Befugnis, das Werk in einer eigenständigen verkehrsfähigen Nutzungsart zu nutzen[38]. Eine solche liegt nach

---

[35] Vgl. Erwägungsgründe 3 ff., 33.
[36] Art. 9 und Art. 10 Satelliten- und Kabelrichtlinie.
[37] Zur Eigenständigkeit des Rechts der öffentlichen Zugänglichmachung vgl. *Dreier*, in: Dreier/Schulze, UrhG, 2004, § 19 b Rn. 9.
[38] *Nordemann*, in: Fromm/Nordemann, UrhG, 9. Aufl. 1998, §§ 31/32 Rn. 5.

ganz herrschender Ansicht nur bei Verwendungsformen vor, die nach der Verkehrsauffassung in wirtschaftlich-technischer Hinsicht einheitlich und hinreichend klar abgrenzbar sind[39]. Ob sich die Nutzungsform hinreichend abgrenzen und damit selbständig mit dinglicher Wirkung als Verwertungsbefugnis abspalten lässt, ist im Rahmen einer wertenden Betrachtung anhand der Urheberinteressen, der Fungibilität der Nutzungsrechte und unter Berücksichtigung des Verkehrsschutzes zu bestimmen[40]. Wesentlich kommt es darauf an, inwieweit die Nutzungsmöglichkeiten gegenüber der herkömmlichen Nutzung qualitativ verbessert oder quantitativ erweitert werden[41].

Vor diesem Hintergrund sprechen die besseren Argumente dafür, die Selbständigkeit der Kabelweitersendung zu verneinen. Zwar setzt die Kabelübertragung von Rundfunkprogrammen auf Sende- und Empfangsseite besondere technische Einrichtungen voraus. Wie der BGH zu Recht hervorhebt[42], bleibt aber der Vorgang der Werkvermittlung gegenüber der herkömmlichen Übertragung von Rundfunksendungen „im Wesentlichen unverändert." Denn bei dem Empfang vor dem Fernsehgerät sei für den Endverbraucher in aller Regel nicht erkennbar, auf welchem Weg ihn die Sendung erreicht habe.

Entgegen der Kritik in der Literatur[43] kann dieser Argumentation des BGH nicht entgegengehalten werden, dass sie die Position und Perspektive der Verbraucher in den Vordergrund rückt. Im Gegenteil trägt gerade die Berücksichtigung des Verbrauchers dem System der urheberrechtlichen Vergütung Rechnung, wie es in den Verwertungs- und korrespondierenden Nutzungsrechten gemäß §§ 15 ff., 31 ff. UrhG zum Ausdruck kommt. Die Verwertungsrechte knüpfen vor allem aus Praktikabilitätsgründen an die dem Werkgenuss vorgelagerten Nutzungshandlungen an, die das Werk den Endverbrauchern vermitteln. Letztlich haben

---

[39] BGHZ 95, 274 (283) – GEMA Vermutung I; BGH GRUR 1990, 669 (671) – Bibel-Reproduktion; BGH GRUR 1997, 464 (465) – CB-Infobank II; *Schricker*, in: Schricker, UrhG, 2. Aufl. 1999, §§ 31/32, Rn. 38; *Hertin*, in: Fromm/Nordemann, UrhG, 9. Aufl. 1998, §§ 31/32 Rn. 6.

[40] *Schricker*, in: Schricker, UrhG, 2. Aufl. 1999, §§ 31/32, Rn. 38; *Hertin*, in: Fromm/Nordemann, UrhG, 9. Aufl. 1998, §§ 31/32 Rn. 6.

[41] *Hertin*, in: Fromm/Nordemann, UrhG, 9. Aufl. 1998, §§ 31/32 Rn. 6.

[42] BGHZ 133, 281 (289) – Klimbim. Vgl. auch BGH, GRUR 2001, 826 (828, 830) – Barfuß im Bett; OLG München, ZUM-RD 2002, 77 (84) – Kehraus.

[43] *Schricker*, in: Schricker, UrhG, 2. Aufl. 1999, §§ 30/31 Rn. 30; *Hertin*, in: Fromm/Nordemann, UrhG, 9. Aufl. 1998, §§ 31/32 Rn. 6; *Wandtke/Grunert*, in: Wandtke/Bullinger, UrhG, 2002, § 31 Rn. 45.

aber dennoch die Endverbraucher für den Werkgenuss einzustehen. An sie werden die Kosten weitergereicht, die für den Erwerb der erforderlichen Nutzungsrechte aufzuwenden sind. Man spricht vor diesem Hintergrund auch von einem Stufensystem zur mittelbaren Erfassung des Endverbrauchers[44]. Dann aber ist es nicht nur gerechtfertigt, sondern sogar geboten, die nicht zuletzt für die Vergütung der Urheber maßgebliche Frage, wann eine neue, eigene Nutzungsart vorliegt, von der Position des Verbrauchers aus zu betrachten: Nur wenn sich für ihn die Werkvermittlung in ihrem Wesen ändert, kann die Nutzungsart als neu und eigenständig angesehen werden. Ist im Falle des Empfangs von Rundfunkprogrammen für den Verbraucher regelmäßig jedoch nicht einmal erkennbar, auf welchem Weg ihn das Fernsehprogramm erreicht, erweist sich die Kabelweiterleitung im Verhältnis zur herkömmlichen Ausstrahlung nicht als neue, eigenständige Nutzungsart. Mit der Rechtsprechung begründet die Kabelweitersendung demnach kein neues, dinglich vom Senderecht abgrenzbares Nutzungsrecht.

III. Qualifizierung als Zweitverwertungsrecht

Vor diesem Hintergrund erweist sich auch die geläufige[45] und vom Gesetzgeber des Vierten Gesetzes zur Änderung des Urheberrechtsgesetzes explizit befürwortete[46] Zuordnung des Kabelweitersenderechts zu den Zweitverwertungsrechten als problematisch[47]. Zwar wird der Begriff des „Verwertungsrechts" nicht streng auf die gesetzlich in §§ 15 ff. UrhG umschriebenen Typen von Rechten in

[44] BVerfGE 31, 255 (267) – Tonbandvervielfältigung; BGHZ 133, 281 (289) – Klimbim; *Dreier*, in: Dreier/Schulze, UrhG, 2004, § 20 b Rn. 3; *Schricker*, in: Schricker, UrhG, 2. Aufl. 1999, § 15 Rn. 8 m.w.N.

[45] *V. Ungern-Sternberg*, in: Schricker, UrhG, 2. Aufl. 1999, § 15 Rn. 50; *Nordemann*, in: Fromm/Nordemann, UrhG, 9. Aufl. 1998, § 20 b Rn. 1; *Ehrhardt*, ZUM 2004, 300 (303). Vgl. auch *Ehrhardt*, in: Wandtke/Bullinger, UrhG, 2002, §§ 20-20 b Rn. 24: „Das Recht der integralen Kabelweitersendung ist (...) wegen der Regulierung des Verbotsrechts einem Zweitverwertungsrecht weitestgehend angenähert."

[46] Amtl. Begr. des Entwurfs, BT-Drs. 13/4796, S. 7: „Die Harmonisierung des in Art. 1 Abs. 3 der Richtlinie definierten Rechts der Kabelweitersendung ist geprägt von seinem Charakter als Zweitverwertungsrecht (...)" sowie BT-Drs. 13/4796, S. 10: „Beim Recht der zeitgleichen, unveränderten und vollständigen Kabelweitersendung liegen die Dinge anders. Als Zweitverwertungsrecht fällt es in den Bereich massenhafter Werknutzung (...)".

[47] Dezidiert dagegen *Conrad*, GRUR 2003, 561 (567). Vgl. auch *Lutz*, ZUM 1998, 622 (625).

ihrem vorgegebenen Zuschnitt bezogen[48] und auch die Einordnung als Erst- oder Zweitverwertungsrecht hat im Gegensatz zur eigenständigen Nutzungsart keine unmittelbaren rechtlichen Konsequenzen[49]. Vielmehr handelt es sich um eine typologische Abgrenzung in Anlehnung an die amtliche Begründung zum Urheberrechtsgesetz 1965, wonach „Zweitverwertungsrechte" sehr allgemein „Rechte an Verwertungsarten [bezeichnen], denen jeweils eine dem Urheber vorbehaltene Werkverwertung bereits vorausgegangen ist". [50] Selbst eine solche rein typologische Differenzierung in Erst- und Zweitverwertungsrechte prägt aber das Verständnis der erfassten Werknutzung. So bildete die Einordnung der Kabelweitersendung als Zweitverwertungsrecht durch den Gesetzgeber ganz offenbar ein wesentliches Motiv für die konkrete Ausgestaltung des § 20 b Abs. 2 UrhG[51].

Hervorzuheben ist deshalb, dass die vollständige, unveränderte und zeitgleiche Weiterleitung von Rundfunkprogrammen die genannten Voraussetzungen für ein Zweitverwertungsrecht häufig nicht erfüllt. Zumeist wird das über Kabelnetze weitergesendete Programm direkt über Richtfunk oder ähnliche technische Mittel an die Kabelkopfstation herangeführt. Mangels Öffentlichkeit dieser Programmzufuhr geht der Weitersendung in derartigen Fällen also technisch gesehen gerade keine Erstsendung voraus.

Darüber hinaus unterscheidet sich das Kabelweitersenderecht wesensmäßig von klassischen Zweitverwertungsrechten, wie etwa dem Recht der Wiedergabe durch Bild und Tonträger gemäß § 21 UrhG, dem Recht der Wiedergabe von Funksendungen gemäß § 22 UrhG oder auch dem Vermietrecht nach Veräußerung des Werkexemplars gemäß §§ 17 Abs. 3, 27 Abs. 1 UrhG. Diese beziehen sich auf Nutzungen, die das Vergütungssystem für die Erstverwertung nicht angemessen erfassen kann. Der Zweitverwerter macht die Leistungen des Urhebers

---

48 Üblich ist es insbesondere, auch Ausschnitte aus den gesetzlich vorgegebenen Verwertungsrechten als „Verwertungsrecht" zu bezeichnen. Vgl. *Schricker*, in: Schricker, UrhG, 2. Aufl. 1999, Vor §§ 28 ff. Rn. 21.

49 Als rechtliche Kategorie taugt die Unterscheidung nach verbreiteter Ansicht sogar überhaupt nicht, vgl. *Schricker*, in: Schricker, UrhG, 2. Aufl. 1999, § 15 Rn. 50; *v. Gamm*, UrhG, § 15 Rn. 8 unter Hinweis darauf, dass auch klassischen Erstverwertungen regelmäßig andere Werknutzungen vorausgehen. So beruht etwa die Sendung (§§ 20, 20 a UrhG) auf Bild- und Tonträgern, öffentlichen Vorträgen oder Aufführungen.

50 UFITA 45 (1965), 240 (261).

51 Amtl. Begründung zum 4. UrhGÄndG, BT-Drs. 13/4796, S. 10.

einem sehr viel größeren Personenkreis zugänglich, als ihn der Urheber bei der Vergütungsvereinbarung im Auge hatte[52]. Die Einordnung des Kabelweitersenderechts als Zweitverwertungsrecht suggeriert damit, dass eine Kompensation für eine Nutzungshandlung zu gewähren ist, die sich bei der Vereinbarung über die Einräumung von (Erst-) Senderechten nicht angemessen berücksichtigen lässt. Dies ist jedoch gerade nicht der Fall. Die Urheber können durchaus auch für die Einräumung der Kabelweitersenderechte in einem bestimmten Gebiet verhandeln und eine darauf bezogene Vergütung verlangen. Die vertraglichen Gestaltungsmöglichkeiten erlauben es, Art und Reichweite der Auswertung ihrer Werke näher zu bestimmen. Das Kabelweitersenderecht unterscheidet sich mithin wesensmäßig von Zweitverwertungsrechten. Es sollte diesen deshalb auch typologisch nicht zugeordnet werden.

C) Kabelweitersendung im Versorgungsbereich des Ursprungssendeunternehmens

Die Voraussetzungen, unter denen die zeitgleiche und unveränderte Weiterübertragung von Rundfunkprogrammen konkret in das Senderecht eingreift, sind bis heute nicht abschließend geklärt. Die Satelliten- und Kabelrichtlinie überlässt die Frage laut Erwägungsgrund 32, 35 den nationalen Gesetzgebern. Während in zahlreichen Ländern – wie in Österreich[53], Großbritannien[54] und den USA[55] – explizite gesetzliche Regelungen bestehen[56], hat Deutschland auf konkrete normative Vorgaben verzichtet. Insbesondere lassen sich der Neuregelung des § 20 b UrhG keine entsprechenden Hinweise entnehmen. Die Vorschrift regelt in Umsetzung der Satelliten- und Kabelrichtlinie nur die Modalitäten der Ausübung des Kabelweitersenderechts, nicht jedoch dessen Voraussetzungen[57]. Die

---

[52] BGHZ 33, 20 (27 f.) – Figaros Hochzeit; vgl. auch *Conrad*, GRUR 2003, 561 (567).
[53] § 17 Abs. 3 S. 2 österr. URG.
[54] Art. 73 Abs. 2 und 3 Copyright, Designs and Patents Act 1988 in der novellierten Fassung des Broadcasting Act 1996.
[55] 17 U.S.C. § 111.
[56] Näher dazu unten Teil 2 C III 1.
[57] *Dreier*, in: Dreier/Schulze, UrhG, 2004, § 20 Rn. 8; *v. Ungern-Sternberg*, in: Schricker, UrhG, 2. Aufl. 1999, § 20 Rn. 27 ff. A.A., aber ohne Begründung *Nordemann*, in: Fromm/Nordemann, UrhG, 9. Aufl. 1998, § 20 Rn. 3. Vgl. auch *Ehrhardt*, in: Wandtke/Bullinger, UrhG, 2002, §§ 20-20 b Rn. 17.

exakten Konturen des Rechts sollen nach dem Willen des Gesetzgebers vielmehr von Rechtsprechung und Literatur entwickelt werden[58].

Die weitgefasste, nicht näher konkretisierte Regelung des Senderechts in §§ 15 Abs. 2 Nr. 2, 20 UrhG wirft insoweit Schwierigkeiten auf. Nach dem Wortlaut scheint das Senderecht in Deutschland jede Kabelübermittlung von Rundfunkprogrammen zu erfassen. Dies führte zu der inakzeptablen Konsequenz, dass letztlich jede Weiterleitung von Fernsehsignalen von der Antenne zum Endgerät erneut in das Senderecht eingriffe. Es besteht jedoch Einigkeit, dass jedenfalls der private Empfang von Sendungen urheberrechtlich nicht relevant ist. Entsprechend ging der deutsche Gesetzgeber – in Übereinstimmung mit den Beratungen zu Art. 11 bis RBÜ – davon aus, Übertragungsvorgänge beim Empfang seien von § 20 UrhG nicht erfasst[59].

Erforderlich ist mithin eine Unterscheidung zwischen Sende- und Empfangsvorgängen. Hierfür kann nach allgemeiner Ansicht nicht auf technische Gesichtspunkte abgestellt werden[60]. Die Durchführung des Übertragungsvorgangs oder die technische Beschaffenheit der Antennensysteme lassen klare Unterscheidungen nicht zu. Ebenso wenig spielt es eine Rolle, ob die Kabelweiterübertragung nur die technischen Empfangsmöglichkeiten der drahtlos ausgestrahlten Sendungen verbessert oder darüber hinaus auch einen neuen Empfängerkreis er-

[58] Vgl. etwa die Beschlussempfehlung des Rechtsausschusses des Deutschen Bundestages vom 11.2.1998 zu dem Entwurf des Vierten UrhGÄndG, BT-Drs. 13/9856, S. 3 f.: „Der Rechtsausschuß hat im Laufe seiner Beratungen speziell die Frage der urheberrechtlichen Behandlung von Gemeinschaftsantennenanlagen geprüft. Er ist der Auffassung, dass der Betrieb von Gemeinschaftsantennenanlagen im nachfolgenden Rahmen erlaubnis- und vergütungsfrei möglich sein muß. Eine ausdrücklich gesetzliche Freistellungsregelung wird allerdings nicht für erforderlich gehalten. Der Rechtsausschuß geht vielmehr davon aus, dass ein im Sinne von § 20 des Urheberrechtsgesetzes relevanter Akt der (Weiter-) Sendung durch Kabelfunk dann nicht vorliegt, wenn ein gesendetes Werk innerhalb einer Gemeinschaftsantennenanlage zeitgleich, unverändert und vollständig weiterübertragen wird." Hat man trotz eingehender Erörterung demnach selbst die Problematik der Gemeinschaftsantennen nicht geregelt, weil das geltende Recht auslegungsfähig ist, muss entsprechendes auch für solche Voraussetzungen der Kabelweitersendung gelten, die überhaupt nicht Gegenstand spezieller Beratungen waren.

[59] OLG München, GRUR 1985, 537 (541) – Breitbandkabelanlage II; *v. Ungern-Sternberg*, in: Schricker, UrhG, 2. Aufl. 1999, § 20 Rn. 28; *Gounalakis*, Kabelfernsehen im Spannungsfeld von Urheberrecht und Verbraucherschutz, UFITA Schriftenreihe, Bd. 80, 1989, S. 105; *Schricker*, GRUR Int. 1984, 593 (596).

[60] BGHZ 123, 149 (154) – Verteileranlagen; *v. Ungern-Sternberg*, in: Schricker, UrhG, 2. Aufl. 1999, § 20 Rn. 29; *Schwertfeger*, Kabelfernsehen und Urheberschutz, 1987, S. 33.

schließt[61]. Kein taugliches Differenzierungskriterium ist schließlich, ob das Verteilnetz gewerbsmäßig betrieben wird oder nicht[62]. Insoweit besteht heute weitgehend Einigkeit. Wie urheberrechtlich relevante Sendevorgänge von urheberrechtsfreien Weiterleitungen der Signale in positiver Hinsicht zu unterscheiden sind, wird in Rechtsprechung und Literatur indes höchst unterschiedlich beantwortet[63]. Fest steht lediglich, dass eine wertende rechtliche Betrachtung anzustellen ist[64].

Ein zentrales Problem dabei ist, dass bei separater Abgeltung der zeitgleichen, vollständigen und unveränderten Kabelweiterübertragung von Rundfunkprogrammen eine Doppelbelastung der Verbraucher und – korrespondierend – eine mögliche Mehrfachvergütung der Urheber für dieselbe Leistung droht[65]: Mit der Einräumung des Erstsenderechts hat der Urheber dem Sendeunternehmen gegen entsprechende Vergütung gestattet, die Sendung in dem vom Sendeunternehmen beabsichtigten Gebiet auszustrahlen. Diese Vergütung finanziert der Rezipient der Programme entweder über die Rundfunkgebühr oder, bei den privaten Rundfunkprogrammen, über die Werbeaufwendungen der Industrie, die auf die Konsumentenpreise umgelegt werden[66]. Erhält nun der Urheber von dem Werkver-

---

[61] BGH, GRUR 1988, 206 (209) – Kabelfernsehen II; BGHZ 79, 350 (354 ff.) – Kabelfernsehen in Abschattungsgebieten; *v. Ungern-Sternberg*, in: Schricker, UrhG, 2. Aufl. 1999, § 20 Rn. 30.

[62] Vgl. bereits BGHZ 36, 171 (179) – Rundfunkempfang im Hotelzimmer I; *Gounalakis*, Kabelfernsehen im Spannungsfeld von Urheberrecht und Verbraucherschutz, UFITA Schriftenreihe, Bd. 80, 1989, S. 129; *Platho*, Urheberrechtsprobleme der Weitersendung von Sendungen in Kabelnetzen, 1984, S. 51 m.w.N.

[63] Vgl. die Übersicht bei *v. Ungern-Sternberg*, in: Schricker, UrhG, 2. Aufl. 1999, § 20 Rn. 31 ff. mit umfassenden Nachweisen.

[64] BGHZ 123, 149 (154) – Verteileranlagen; *v. Ungern-Sternberg*, in: Schricker, UrhG, 2. Aufl. 1999, § 20 Rn. 35; *Dreier*, Kabelweiterleitung und Urheberrecht, 1991, S. 123.

[65] *Dittrich*, Kabelfernsehen und internationales Urheberrecht, 1984, S. 57; *Gounalakis*, Kabelfernsehen im Spannungsfeld von Urheberrecht und Verbraucherschutz, UFITA Schriftenreihe, Bd. 80, 1989, S. 219; *Gounalakis/Mand*, Kabelweiterleitung und urheberrechtliche Vergütung, 2003, S. 23 ff.; *Rehbinder*, Urheberrecht, 13. Aufl. 2004, Rn. 218; *Schwerdtfeger*, Kabelfernsehen und Urheberschutz, 1987, S. 103 ff.; *Bornkamm*, in: FS für v. Gamm, 1990, S. 329 (340 ff.); *Conrad*, GRUR 2003, 561 (567 f.); *Herrmann*, GRUR Int. 1984, 578 (591); *Hillig*, AfP 1981, 446 (448); *ders.*, UFITA 101 (1985), 295 (296); *Mand*, GRUR 2004, 395 (397); *v. Ungern-Sternberg*, UFITA 94 (1982), 79 (108) und (zurückhaltender) in: Schricker, UrhG, 2. Aufl. 1999, § 20 Rn. 36.

[66] Bericht der Bundesregierung über die Auswirkungen der Urheberrechtsnovelle 1985 und Fragen des Urheber- und Leistungsschutzrechts v. 7.7.1989, BT-Drs. 11/4927, S. 37 f.; *Rehbinder*, Urheberrecht, 13. Aufl. 2004, Rn. 218. Vgl. auch *Dreier*, Kabelweiterleitung und Urheberrecht, 1991, S. 111, der hiergegen allerdings keine Bedenken erhebt.

mittler eine gesonderte Urheberrechtsvergütung für die Kabelweitersendung, die letztlich ebenfalls auf die Endverbraucher umgelegt würde, müssten diese für ein und denselben Werkgenuss doppelt bezahlen[67]. Denn die zeitgleiche, unveränderte und vollständige Weiterübertragung begründet gegenüber der Erstsendung keine neue, eigenständige Nutzung[68]. Jedes Programm kann vom Rezipienten zeitgleich nur einmal empfangen werden[69].

Vor diesem Hintergrund sind zahlreiche konzeptionelle Ansätze entwickelt worden, die eine Doppelbelastung der Verbraucher möglichst vermeiden, gleichzeitig aber auch den legitimen Interessen der Urheber an einer angemessenen Beteiligung an jeder wirtschaftlichen Nutzung ihrer Werke Rechnung tragen wollen. Da das geltende Urheberrecht in Deutschland der drohenden Doppelbelastung der Verbraucher nicht ausdrücklich Rechnung trägt, sind sämtliche dieser Ansätze rechtsdogmatisch nur bedingt überzeugend[70].

I. Freistellung des Versorgungsbereichs de lege lata

Weit verbreitet ist in der Literatur die Ansicht, die zeitgleiche Kabelweiterübertragung im Versorgungsbereich des ursprünglichen Sendeunternehmens sei auch auf der Grundlage des jetzigen Wortlauts von § 20 UrhG stets urheberrechtsfrei,

---

[67] Für die öffentlich-rechtlichen Programme ist dies angesichts der zu entrichtenden Rundfunkgebühr evident. Es gilt letztlich jedoch auch für die privaten Rundfunkprogramme, die der Verbraucher wegen des Aufschlags der Werbekosten auf die Konsumentenpreise ebenfalls mitfinanziert. Vgl. *Gounalakis/Mand*, Kabelweiterleitung und urheberrechtliche Vergütung, 2003, S. 26 f.; *Mand*, GRUR 2004, 395 (397); *Conrad*, GRUR 2003, 561 (567 f.); *Hillig*, UFITA 101 (1985), 295 (296); *Herrmann*, GRUR Int. 1984, 578 (588 ff.). A.A. noch *Gounalakis*, Kabelfernsehen im Spannungsfeld von Urheberrecht und Verbraucherschutz, UFITA Schriftenreihe, Bd. 80, 1989, S. 121; Schack, Urheber- und Urhebervertragsrecht, 2. Aufl. 2001, Rn. 410.

[68] Deutlich insoweit der Bericht der Bundesregierung über die Auswirkungen der Urheberrechtsnovelle 1985 und Fragen des Urheber- und Leistungsschutzrechts v. 7.7.1989, BT-Drs. 11/4927, S. 39: „Müßte der Kabelunternehmer für die Weiterleitung im Versorgungsbereich noch einmal Urheberrechte ablösen, erhielte der Urheber für ein und dasselbe Programme eine doppelte Bezahlung. Der Rundfunkteilnehmer, auf den der Kabelunternehmer die Urheberrechtsvergütung abwälzen würde, müsste seinerseits für ein und dasselbe Programm, das er nur einmal empfangen kann, doppelt bezahlen."

[69] Ausführlich oben, Gliederungspunkt Teil 2 B II.

[70] Zur Kritik vgl. *v. Ungern-Sternberg*, in: Schricker, UrhG, 2. Aufl. 1999, Vor §§ 20 ff. Rn. 13 ff., § 20 Rn. 28 ff.; *Dreier*, Kabelweiterleitung und Urheberrecht, 1991, S. 107 ff.; *Platho*, Urheberrechtsprobleme der Weitersendung von Sendungen in Kabelnetzen, 1984, S. 37 ff.

gleichgültig, ob das Sendeunternehmen die Kabelübertragung selbst durchführt oder ob dies ein Dritter tut[71]. Als Versorgungsbereich wird dabei in der Regel dasjenige Gebiet bezeichnet, das eine öffentlich-rechtliche Rundfunkanstalt kraft gesetzlichen Auftrags und ein privatrechtlich organisiertes Sendeunternehmen aufgrund seiner Satzung zu versorgen hat[72]. Nach anderer Auffassung gehört zum Versorgungsbereich das Gebiet, für das die Rundfunksendung bestimmt ist[73]. Ein solches Abstellen auf den intendierten Sendebereich hat insbesondere bei privaten Rundfunkanbietern Vorteile. Denn diese haben oftmals keine statutarischen Regelungen zum Sendegebiet getroffen[74].

Erklärte Vorbilder der genannten Auffassungen sind die gesetzlichen Regelungen in einigen Mitgliedstaaten der Europäischen Union, nach denen bei der Kabelweitersendung innerhalb des Versorgungsbereichs des Sendeunternehmens bereits der Tatbestand des Senderechts nicht erfüllt ist. Schwierigkeiten bereitet es jedoch, dieses Ergebnis in Ermangelung entsprechender Regelungen mit den normativen Vorgaben des deutschen Urheberrechts in Einklang zu bringen.

Überwiegend wird für die Freistellung des Versorgungsbereichs angeführt, der Urheberrechtsberechtigte habe mit der Senderechtseinräumung an das ursprüngliche Sendeunternehmen zumindest stillschweigend sein Einverständnis damit erklärt, dass die Sendung allen Rundfunkteilnehmern im Versorgungsbereich dieses Sendeunternehmens zugänglich gemacht wird[75]. Die tatsächlichen Vor-

---

[71] *Dittrich*, Kabelfernsehen und internationales Urheberrecht, 1984, S. 48 ff.; *Hillig*, in: Fuhr/Rudolf/Wasserburg (Hrsg.), Recht der neuen Medien, 1989, S. 384 (405); *Herrmann*, GRUR Int. 1984, 578 (590 f.); *Kälin*, GRUR Int. 1984, 267 (270 ff.). Siehe auch den Überblick zum internationalen Vergleich bei *Gounalakis*, The Service Area Principle in the Framework of Cable Television, 1995.

[72] BGH, GRUR 1988, 206 (210) - Kabelfernsehen II; *Herrmann*, GRUR Int 1984, 578 (589); *Dreier*, Kabelweiterleitung und Urheberrecht, 1991, S. 15.

[73] Vgl. *v. Ungern-Sternberg*, in: Schricker, UrhG, 2. Aufl. 1999, § 20 Rn. 32.

[74] Die Bundesregierung, die in ihrem Bericht über die Auswirkungen der Urheberrechtsnovelle 1985 und Fragen des Urheber- und Leistungsschutzrechts v. 7.7.1989, BT-Drs. 11/4927, S. 34 ff., eine gesetzliche Freistellung des Versorgungsbereichs befürwortete, sprach sich deshalb für eine differenzierte Bestimmung des Versorgungsbereichs aus. Bei den öffentlich-rechtlichen Programmen sei der gesetzliche Versorgungsbereich, bei den privaten Rundfunkunternehmen dagegen der „Direktempfangsbereich" von einer gesonderten Vergütungspflicht für die Kabelweitersendung freizustellen, vgl. BT-Drs. 11/4927, S. 37. Zur Abgrenzung des Direktempfangsbereichs vgl. *Dreier*, Kabelweiterleitung und Urheberrecht, 1991, S. 15; *Schricker*, Urheberrechtliche Probleme des Kabelfunks, 1986, 54 f.

[75] *Hillig*, in: Fuhr/Rudolf/Wasserburg (Hrsg.), Recht der neuen Medien, 1989, S. 384 (405); *Herrmann*, GRUR Int. 1984, 578 (590 f.).

aussetzungen für diese Annahme werden häufig aber nur schwer nachzuweisen sein. Dann erweist sich der Erklärungsansatz der Sache nach – wie der BGH zu Recht betont[76] – als reine Fiktion.

II. Kabelweitersendung und Erschöpfungsgrundsatz

Eine andere Möglichkeit, die drohende Doppelbelastung der Verbraucher zu vermeiden, besteht darin, den Erschöpfungsgrundsatz auf die Kabelweiterverbreitung zu erstrecken. Dies ist im Schrifttum wiederholt gefordert worden[77]. In Anlehnung an den sehr weitgehenden Wortlaut der §§ 20, 20 b UrhG sei die Kabelweitersendung zwar grundsätzlich umfassend als Verwertungstatbestand anzusehen. Die Konsequenzen der Anerkennung des Kabelweitersenderechts müssten jedoch korrigierend begrenzt werden, indem das Senderecht innerhalb des Versorgungsbereichs des Ursprungssendeunternehmens als erschöpft anzusehen sei[78].

Auch diese Ansicht findet im Gesetz keine unmittelbare Stütze. Eine Erschöpfung bei Rechten der öffentlichen Wiedergabe wird – anders als in §§ 17 Abs. 2, 69 c Nr. 3 UrhG für das Verbreitungsrecht[79] – nicht ausdrücklich angeordnet. Dennoch hat der Bundesgerichtshof in seiner Entscheidung „Kabelfernsehen in Abschattungsgebieten"[80] eine Erschöpfung des Senderechts durch die drahtlose Ausstrahlung einer Sendung im gesetzlichen Versorgungsbereich einer öffentlich-rechtlichen Rundfunkanstalt ausdrücklich für möglich gehalten. In einem späteren Urteil hat er einen Eingriff in das Senderecht durch integrierte Kabelweitersendevorgänge zwar bejaht, dabei aber betont, dass die Weitersendung

---

[76] BGH, ZUM 2000, 749 (751) unter Hinweis auf *Hoge Raad*, GRUR Int. 1985, 124 (126) – Kabelfernsehunternehmen II.

[77] *Gounalakis*, Kabelfernsehen im Spannungsfeld von Urheberrecht und Verbraucherschutz, UFITA Schriftenreihe, Bd. 80, 1989, S. 221 ff.; *ders.*, ZUM 1986, 638 ff.; *ders.* UFITA Bd. 111 (1989), S. 31 ff.; *Schwertfeger*, Kabelfernsehen und Urheberschutz, 1987, S. 122 ff.; *Bornkamm*, in: FS für v. Gamm (1990), S. 325 (336 ff.); *Sack*, GRUR 1988, 163 (167 ff.); ähnlich auch *Conrad*, GRUR 2003, 561 (568 f.).

[78] Eingehend zu den Konsequenzen einer Anwendung der Erschöpfungslehre auf die Kabelweitersendung *Gounalakis*, Kabelfernsehen im Spannungsfeld von Urheberrecht und Verbraucherschutz, UFITA Schriftenreihe, Bd. 80, 1989, S. 226 ff. sowie *ders.*, ZUM 1986, 638 ff.

[79] Explizit ausgenommen ist seit 1995 die Vermietung. Damit hat der Gesetzgeber die Vorgabe der EU-Vermiet- und Verleihrichtlinie in nationales Recht umgesetzt.

[80] BGHZ 79, 350, 356 ff.

außerhalb des Versorgungsbereichs lag[81]. Trotz der verbreiteten Kritik[82], die sich vor allem auf dogmatische Einwände und die internationale Rechtsentwicklung stützt, hat auch die neuere Rechtsprechung den Gedanken der Erschöpfung im Zusammenhang mit der Kabelweitersendung berücksichtigt. Namentlich das KG Berlin hat entschieden, dass die zeitgleiche, vollständige und unveränderte Kabelweiterleitung des Programms innerhalb des Versorgungsgebiets öffentlich-rechtlicher Rundfunkanstalten wegen Erschöpfung des Rechts nicht in das Senderecht eingreife[83].

Dagegen hat sich der Bundesgerichtshof diesem Gedankengang in der Revision nicht anschließen wollen[84]. Er hat die Möglichkeit einer Erschöpfung des Senderechts im Versorgungsbereich allerdings auch nicht explizit verneint, sondern die Frage mangels Entscheidungserheblichkeit letztlich dahinstehen lassen. Gleichwohl zeigt die Entscheidung sehr deutliche Vorbehalte gegenüber der Erschöpfungslehre. Mehr als ein Drittel der 19-seitigen Urteilsbegründung ist der Problematik gewidmet, ohne dass hierfür ein erkennbarer Anlass bestand. Darüber, was den BGH zu dieser ausführlichen Stellungnahme veranlasst hat, kann nur spekuliert werden. In jedem Fall deuten die Ausführungen darauf hin, dass sich der zuständige I. Zivilsenat des BGH in seiner damaligen Besetzung mit hoher Wahrscheinlichkeit gegen eine Erschöpfung des Kabelweitersenderechts innerhalb des Versorgungsbereichs des Ursprungsunternehmens aussprechen

---

[81] BGH GRUR 1988, 206 (209 ff.) – Kabelfernsehen II.

[82] *V. Ungern-Sternberg*, in: Schricker, UrhG, § 20 b Rn. 38; *Joos*, Die Erschöpfungslehre im Urheberrecht, 1991, S. 220 ff.; *Schricker*, Verlagsrecht, 3. Aufl. 2001, § 8 Rn. 28 c; *Schack*, Urheber- und Urhebervertragsrecht, 2. Aufl. 2001, Rn. 390 f.; *Ulmer*, GRUR Int 1981, 372 (375 ff.). A.A. *Gounalakis*, Kabelfernsehen im Spannungsfeld von Urheberrecht und Verbraucherschutz. Zur urheberrechtlichen Problematik der Einspeisung von Rundfunksendungen in Kabelanlagen aus nationaler, internationaler und rechtsvergleichender Sicht, UFITA Schriftenreihe, Bd. 80, 1989, S. 221 ff. unter eingehender Auseinandersetzung mit den verschiedenen Argumenten. Vgl. auch *ders.*, ZUM 1986, 638 ff. sowie *Windisch*, in: Festschrift für Roeber (1982), S. 481, 486; *Sack*, GRUR 1988, 163 (167); *Bornkamm*, in: Festschrift für *v. Gamm* (1990), S. 329 ff.

[83] KG Berlin, MMR 1998, 107 (108 f.).

[84] BGH, Urt. v. 17.2.2000, I ZR 194/97, ZUM 2000, 749 (750).

würde[85]. Zur Begründung verweist das Gericht vor allem auf die eine Erschöpfung von Wiedergaberechten ablehnende internationale Rechtsentwicklung[86].

III. Freistellung des Versorgungsbereichs de lege ferenda

Die sehr kritische Haltung, die der BGH gegenüber den Versorgungsbereichstheorien und der Heranziehung des Erschöpfungsgrundsatzes bei unkörperlichen Verwertungshandlungen eingenommen hat, lassen erwarten, dass das Gericht aufgrund der dogmatischen Bedenken de lege lata nicht mehr bereit ist, die urheberrechtliche Relevanz der Kabelweitersendung im Versorgungsbereich des Ursprungsunternehmens einzuschränken. Billigkeitserwägungen werden insoweit dem Wortlaut des geltenden Rechts hintangestellt: Der Gesichtspunkt der drohenden Doppelbezahlung ein und derselben Leistung durch die Verbraucher sei als bloße Billigkeitserwägung für sich genommen nicht geeignet, eine Freistellung des Versorgungsbereiches zu begründen[87]. Diese Haltung des BGH erscheint zwar fragwürdig[88], verdeutlicht aber die Problematik. Die sehr weite Fassung des Kabelweitersenderechts gemäß §§ 20, 20 b UrhG lässt sich nicht überzeugend mit Hilfe des klassischen Auslegungsinstrumentariums und der allgemeinen Grundsätze des Urheberrechts auf ein dem Gebot der Billigkeit entsprechendes Maß begrenzen. Alle derartigen Versuche unterliegen mehr oder weniger großen dogmatischen Bedenken.

Das berechtigte Anliegen, eine Doppelbelastung der Verbraucher mit Urheberrechtsgebühren für ein- und denselben Werkgenuss zu verhindern, lässt sich jedoch nicht in Zweifel ziehen. Im Gegenteil verdeutlicht die Entscheidung des BGH den akuten gesetzgeberischen Handlungsbedarf: Da die Gerichte offenbar nicht mehr bereit sind, den zu weit geratenen Wortlaut des geltenden Rechts wertend einschränken, ist der deutsche Gesetzgeber aufgefordert, selbst eine sachgerechte und dem Gebot der Billigkeit entsprechende Lösung vorzusehen. Insbesondere kann eine Doppelbelastung der Verbraucher auch nicht einfach in

---

85 Vgl. hierzu auch *Ehlgen*, ZUM 2000, 753 (754); *Hillig*, MMR 2001, Beilage zu Heft 2, 34 (35).

86 BGH, Urt. v. 17.2.2000, ZUM 2000, 749 (750 ff.). Vgl. insbes. Art. 3 Abs. 3 der Richtlinie 2001/29/EG des Europäischen Parlaments und des Rates zur Harmonisierung bestimmter Aspekte des Urheberrechts und der verwandten Schutzrechte in der Informationsgesellschaft.

87 BGH, ZUM 2000, 749 (750).

88 *Mand*, GRUR 2004, 395 (397 f., 399).

Kauf genommen werden, weil „die Programme der öffentlich-rechtlichen Rundfunkanstalten, in deren gesetzlichem Versorgungsbereich der Empfänger lebt, (...) nur noch einen immer kleiner werdenden Teil der über Kabel übertragenen Programmvielfalt [bilden]" und die tatsächliche Doppelbelastung der Empfänger daher eher gering ist[89]. Denn erstens werden die Rezipienten auch bei privaten Rundfunkprogrammen über die Werbekosten einzelner Unternehmen, deren Produkte sie erwerben, letztlich zusätzlich belastet. Zum Zweiten ist nicht einsichtig, warum eine auch nur geringe Doppelbelastung keine relevante Doppelbelastung sein soll. Das Bestreben, die Urheber angemessen an den wirtschaftlichen Früchten zu beteiligen, die andere aus ihren Werken ziehen, rechtfertigt es nicht, den Verbrauchern eine zusätzliche Vergütung für denselben Nutzungsvorgang zuzumuten. Für eine derartige Belastung fehlt es an jeder materiellen Legitimation.

Der gegen solche Überlegungen vorgebrachte grundsätzliche Einwand, Verbraucherinteressen seien nicht in der Lage, eine Einschränkung des den Urhebern nach dem Wortlaut des Gesetzes gewährten Kabelweitersenderechts zu begründen[90], verfängt hingegen nicht. Zwar ist unserem Rechtssystem in der Tat ein Grundsatz fremd, wonach der Verbraucher für die Leistung eines privaten Marktanbieters möglichst wenig zu zahlen hat[91]. Darum geht es im vorliegenden Zusammenhang aber nicht. Zu beurteilen ist vielmehr eine gesetzliche Regelung im Urheberrecht, die nach ihrem sehr weiten Wortlaut eine zusätzliche finanzielle Belastung des Verbrauchers für einen Werkgenuss vorsieht, für den er bereits eine Vergütung entrichtet hat.

In einem solchen Fall sind die Interessen der Verbraucher bereits aufgrund des Systems zur mittelbaren Erfassung des Endverbrauchers bei der Urheberrechtsvergütung[92] unmittelbar zu berücksichtigen. Zudem ergäbe sich eine merkwürdige Unstimmigkeit zur steigenden Bedeutung des Verbraucherschutzes im deutschen und europäischen Wirtschaftsrecht. Auf der Grundlage von Art. 3 Abs. 1 lit. t) EG und Art. 153 EG spielt der Verbraucherschutz längst eine zentrale Rolle bei der Weiterentwicklung des europäischen Rechts und der Verwirk-

[89] *V. Ungern-Sternberg*, in: Schricker, UrhG, 2. Aufl. 1999, § 20 Rn. 36.
[90] *Dreier*, Kabelweiterleitung und Urheberrecht, S. 107 f.
[91] *Dreier*, Kabelweiterleitung und Urheberrecht, S. 107.
[92] Eingehend dazu oben, Teil 2 B II.

lichung des Binnenmarktes im Sinne des Art. 95 EG[93]. Infolge der Europäisierung des Rechts zählt der Verbraucherschutz inzwischen auch in Deutschland zum Kernbereich des Zivil- und Wettbewerbsrechts. Die UWG-Novelle[94] erwähnt den Verbraucher in § 1 UWG erstmals sogar ausdrücklich als Schutzobjekt des Wettbewerbsrechts. Wenn das geltende Recht den Verbraucher aber im Wettbewerb gegenüber der strukturell überlegenen Marktmacht der Anbieter möglichst umfassend zu schützen und seine Chancengleichheit am Markt so weit wie möglich zu gewährleisten sucht, mutet es befremdlich an, Verbraucherschutzerwägungen bei der Auslegung und Bewertung gesetzlicher Regelungen jede Bedeutung abzusprechen, wenn diese bestimmten Marktakteuren zu Lasten der Verbraucher nicht gerechtfertigte Vorteile verschaffen.

Dabei geht es keineswegs nur um eine Verbraucherinteressen berücksichtigende Gesetzgebung. Eine gesetzlich bedingte Doppelbelastung der Verbraucher und – korrespondierend – eine Doppelvergütung der Urheber für dieselbe Nutzungshandlung verstößt auch gegen verfassungsrechtliche Grundanforderungen. Dies gilt jedenfalls hinsichtlich der öffentlich-rechtlichen Rundfunkprogramme. Unter den Bedingungen der dualen Rundfunkordnung in Deutschland besteht eine öffentlich-rechtliche Verpflichtung für jeden Rundfunkteilnehmer, Rundfunkgebühren zu entrichten. Die Gebührenhöhe wird in einem komplexen staatsfernen Verfahren unter der Federführung der Kommission zur Ermittlung des Finanzbedarfs der öffentlich-rechtlichen Rundfunkanstalten (KEF) ermittelt[95]. Sie orientiert sich an dem tatsächlichen Aufwand für die Verbreitung von Rundfunkprogrammen und schließt damit sämtliche Urheberrechtsgebühren ein, die für den Empfang der Sendungen zu entrichten sind. Belastet der Staat den Bürger nunmehr nochmals mit einer Zahlungspflicht für die Empfangsmöglichkeit, indem er gesetzliche Bestimmungen erlässt, die eine weitere Urheberrechtsvergütung für die Kabelweiterleitung vorsehen, so liegt hierin ein Eingriff zumindest in die allgemeine Handlungsfreiheit gemäß Art. 2 Abs. 1 GG. Eine Rechtfertigung dafür ist kaum ersichtlich. Insbesondere lässt sich der Eingriff nicht damit rechtfertigen, die Regelung nütze letztlich den Urhebern als der gegenüber den

---

[93] Zum europäischen Verbraucherschutzrecht vgl. *Reich*, Europäisches Verbraucherschutzrecht: Binnenmarkt und Verbraucherinteresse, 2. Aufl., 1993 m.w.N.

[94] Gesetzentwurf der Bundesregierung vom 22.8.2003, BT-Drs. 15/1487.

[95] Ausführlich *Oppermann*, Deutsche Rundfunkgebühren und europäisches Beihilferecht, 1997, S. 14 ff.

Werkverwertern vielfach unterlegenen Vertragspartei. Der gebotene Schutz der Urheber darf allein das Ziel haben, eine angemessene Vergütung für die Nutzung ihrer Werke sicherzustellen. Er erlaubt es hingegen nicht, ihnen auf Kosten der Verbraucher ungerechtfertigte Vorteile in Form einer zusätzlichen Vergütung für denselben Werkgenuss zu verschaffen.

Nach alldem sollte der Gesetzgeber die eigenständige urheberrechtliche Relevanz der Kabelweitersendung de lege ferenda auf Sendungsvorgänge begrenzen, die außerhalb des Versorgungsbereichs des Ursprungssendeunternehmens stattfinden. Kabelweitersendungen innerhalb des Versorgungsbereichs sind dagegen als Teil der Ursprungssendung anzusehen und auch in diesem Rahmen abzugelten. Dabei kann der Versorgungsbereich im Interesse der Rechtssicherheit als dasjenige Gebiet definiert werden, das eine öffentlich-rechtliche Rundfunkanstalt kraft gesetzlichen Auftrags und ein privatrechtlich organisiertes Sendeunternehmen aufgrund seiner Satzung versorgt. Alternativ kann bei privaten Rundfunkunternehmen – wenn sich das Abstellen auf die Satzung mangels statutarischer Regelungen des Sendebereichs als unpraktikabel erweisen sollte – an den intendierten Sendebereich angeknüpft werden[96].

1. Rechtsvergleich: Regelungen in Österreich, Großbritannien und den USA

Eine entsprechende Regelung wäre im internationalen Vergleich keinesfalls unüblich. Zwar ist der internationale Rechtsrahmen in dieser Frage sehr heterogen[97]. Gerade Staaten wie Österreich und Großbritannien, deren Rundfunkordnungen aufgrund der starken Stellung des öffentlich-rechtlichen Rundfunks dem dualen System in Deutschland ähneln, haben die Problematik von Weitersendevorgängen im Versorgungsbereich des Sendeunternehmens aber explizit in ihren Urheberrechtsgesetzen geregelt. Auch in den USA ist die urheberrechtliche Ver-

[96] So auch der Bericht der Bundesregierung über die Auswirkungen der Urheberrechtsnovelle 1985 und Fragen des Urheber- und Leistungsschutzrechts v. 7.7.1989, BT-Drs. 11/4927, S. 37.
[97] Einen umfassenden Überblick über die verschiedenen Länderregelungen gibt *Dreier*, Kabelweiterleitung und Urheberrecht, 1991, S. 130 ff.

gütungspflicht grundsätzlich auf Kabelsendevorgänge außerhalb des Versorgungsbereichs der Ursprungssendeunternehmen begrenzt[98].

a) Österreich

Die Kabelweitersendung ist im österreichischen Urheberrechtsgesetz (öst URG) in § 17 sowie ergänzend in §§ 59 a, 59 b geregelt. Die grundlegende und im vorliegenden Kontext relevante Bestimmung findet sich in § 17 öst URG. Gemäß § 17 Abs. 1 öst URG steht den Urhebern das Recht zu, „das Werk durch Rundfunk oder auf eine ähnliche Art zu senden." § 17 Abs. 2 öst URG erweitert das Senderecht auf drahtgebundene Sendungen. Danach steht es einer Rundfunksendung gleich, „wenn ein Werk von einer im In- oder Ausland gelegenen Stelle aus der Öffentlichkeit im Inland, ähnlich wie durch Rundfunk, aber mit Hilfe von Leitungen wahrnehmbar gemacht wird." § 17 Abs. 3 öst URG enthält schließlich die Einschränkungen des Kabelweitersenderechts. Nach Satz 1 gelten zunächst Übermittlungen von Rundfunksendungen durch Rundfunkvermittlungsanlagen und – unter bestimmten Bedingungen – durch Gemeinschaftsantennenanlagen mit weniger als 500 Teilnehmern nicht als neue Rundfunksendung. Wesentlich im vorliegenden Zusammenhang ist sodann Satz 2:

„Im Übrigen gilt die gleichzeitige, vollständige und unveränderte Übermittlung von Rundfunksendungen des Österreichischen Rundfunks mit Hilfe von Leitungen im Inland als Teil der ursprünglichen Rundfunksendung."

Diese Regelung stellt den Versorgungsbereich des ORF, der sich auf das österreichische Bundesgebiet beschränkt, im Ergebnis frei[99].

---

98 Entsprechende Regelungsansätze finden sich auch im französischen und im irischen Recht. Vgl. dazu *Gounalakis*, Kabelfernsehen im Spannungsfeld von Urheberrecht und Verbraucherschutz. Zur urheberrechtlichen Problematik der Einspeisung von Rundfunksendungen in Kabelanlagen aus nationaler, internationaler und rechtsvergleichender Sicht, UFITA Schriftenreihe, Bd. 80, 1989, S. 192 ff.; 198 f.

99 Eingehend dazu *Gounalakis*, Kabelfernsehen im Spannungsfeld von Urheberrecht und Verbraucherschutz, UFITA Schriftenreihe, Bd. 80, 1989, S. 157 ff.; *Dittrich*, Kabelfernsehen und internationales Urheberrecht, 1984, S. 52 f.; 94; *v. Ungern-Sternberg*, UFITA 91 (1981), 29 (46 f.).

b) Großbritannien

Das Recht des Urhebers zur Kabelweitersendung ist in Großbritannien im Copyright, Designs and Patents Act 1988 geregelt. Im Jahre 1996 sind die einschlägigen Vorschriften durch den Broadcasting Act novelliert worden[100]. Die neu gefassten sec. 73 para. 2 bis para. 7 und sec. 73a para. 1 enthalten die im vorliegenden Kontext relevanten Regelungen. Sie beziehen sich nach Sec. 73 para. 1 Copyright, Designs and Patents Act 1988 auf Sendungsvorgänge von einem Ort im Vereinigten Königreich aus, die - durch Empfang und sofortige Weiterleitung – Teil eines Kabelprogramms (cable programme service) sind. Die Vorschriften lauten:

> **“Reception and retransmission of broadcast in cable programme service.”**
>
> 73. – (1) This section applies where a broadcast made from a place in the United Kingdom is, by reception and immediate retransmission, included in a cable programme service.
>
> (2) The copyright in the broadcast is not infringed-
>
> (a) if the inclusion is in pursuance of a relevant requirement, or
>
> (b) if and to the extent that the broadcast is made for reception in the area in which the cable programme service is provided and forms part of a qualifying service.
>
> (3) The copyright in any work included in the broadcast is not infringed if and to the extent that the broadcast is made for reception in the area in which the cable programme service is provided; but where the making of the broadcast was an infringement of the copyright in the work, the fact that the broadcast was re-transmitted as a programme in a cable programme service shall be taken into account in assessing the damages for that infringement.

[100] Broadcasting Act 1996, Chapter 55, Schedule 9: Amendments of Copyright, Designs and Patents Act 1988 relating to cable programme services.

(4) Where-

(a) the inclusion is in pursuance of a relevant requirement, but

(b) to any extent, the area in which the cable programme service is provided ("the cable area") falls outside the area for reception in which the broadcast is made ("the broadcast area"),

the inclusion in the cable programme service (to the extent that it is provided for so much of the cable area as falls outside the broadcast area) of any work included in the broadcast shall, subject to subsection (5), be treated as licensed by the owner of the copyright in the work, subject only to the payment to him by the person making the broadcast of such reasonable royalty or other payment in respect of the inclusion of the broadcast in the cable programme service as may be agreed or determined in default of agreement by the Copyright Tribunal.

(5) Subsection (4) does not apply if, or to the extent that, the inclusion of the work in the cable programme service is (apart from that subsection) licensed by the owner of the copyright in the work.

(6) In this section "qualifying service" means, subject to subsection (8), any of the following services-

(a) a regional or national Channel 3 service,

(b) Channel 4, Channel 5 and S4C,

(c) the teletext service referred to in section 49(2) of the Broadcasting Act 1990,

(d) the service referred to in section 57(1A)(a) of that Act (power of S4C to provide digital service), and

(e) the television broadcasting services and teletext service of the British Broadcasting Corporation;

and expressions used in this subsection have the same meaning as in Part I of the Broadcasting Act 1990.

(7) In this section "relevant requirement" means a requirement imposed under-

(a) section 78A of the Broadcasting Act 1990 (inclusion of certain services in local delivery services provided by digital means), or

(b) paragraph 4 of Part III of Schedule 12 to that Act (inclusion of certain services in diffusion services originally licensed under the Cable and Broadcasting Act 1984).

(8) (...)

Royalty or other sum payable in pursuance of section 73(4).

73A. - (1) An application to settle the royalty or other sum payable in pursuance of subsection (4) of section 73 (reception and retransmission of broadcast in cable programme service) may be made to the Copyright Tribunal by the copyright owner or the person making the broadcast.

(2) The Tribunal shall consider the matter and make such order as it may determine to be reasonable in the circumstances.

Wie sich aus sec. 73 para. 2 lit. b und para. 3 Copyright, Designs and Patents Act 1988 ergibt, greift die Kabelweitersendung im intendierten Empfangsbereich der Ursprungssendung in Großbritannien generell nicht in Urheberrechte ein, soweit sie sich auf einen „qualifying service“ bezieht. Darunter sind die in sec. 73 para. 6 Copyright, Designs and Patents Act genannten Programme zu verstehen, d. h. die Kanäle 3, 4, 5 und S4C sowie die Fernseh- und Teletextangebote der BBC. Eine doppelte Vergütung für die Kabelweitersendung der betreffenden Kanäle im intendierten Sendegebiet ist in Großbritannien also ausgeschlossen.

Darüber hinaus erweist sich das britische Recht auch mit Blick auf die umfangreichen Weitersendeverpflichtungen in Deutschland als bemerkenswert. Soweit in Großbritannien eine Einspeiseverpflichtung besteht, greift die Kabelweitersendung im Empfangsbereich der Ursprungssendung generell nicht in das Senderecht ein, vgl. sec. 73 para. 2 lit. a Copyright, Designs and Patents Act 1988. Für den Fall, dass der Versorgungsbereich des Kabelbetreibers im Falle einer Einspeiseverpflichtung über den Empfangsbereich der Ursprungssendung („the broadcast area") hinausgeht, sehen sec. 73 para. 3, sec. 73a Copyright, Designs and Patents Act 1988 eine angemessen zu vergütende gesetzliche Lizenz zur Weitersendung vor. In Deutschland ist die urheberrechtliche Behandlung der Kabelweitersendung dagegen prinzipiell unabhängig davon, ob die Weiterleitung eines Programms aufgrund einer medienrechtlichen Regulierung erfolgt oder ob der Kabelbetreiber das Programm „freiwillig" überträgt[101].

c) USA

Das amerikanische Recht hat in § 111 Copyright Act 1976 (17. U.S.C.) eine relativ komplizierte Regelung zur Kabelübernahme von Sendungen getroffen. Den Kabelgesellschaften ist es danach aufgrund einer „Zwangslizenz"[102] weitgehend gestattet, terrestrische Sendungen und Radioprogramme über ihr Kabelnetz weiterzusenden. Für die Lizenzgebühr trifft das amerikanische Recht eine Unterscheidung, die sich dem Versorgungsbereichsmodell sehr weit annähert. So ist die Weiterübertragung innerhalb des lokalen Sendebereichs (local service area) grundsätzlich frei, während für die Übertragung darüber hinaus eine Vergütung zu entrichten ist. Dies beruht auf der Annahme, die Urheber seien für die Weiterübertragung von „local signals" bereits angemessen vergütet worden[103]. Nur

[101] Vgl. aber zur Bedeutung von Weiterleitungsverpflichtungen bei der Bestimmung, wer als Sendender der Kabelübertragung anzusehen ist, *Gounalakis/Mand*, Kabelweiterleitung und urheberrechtliche Vergütung, 2003, S. 67 f.

[102] Vgl. 17 U.S.C. § 111 d). Obgleich das amerikanische Recht von einer compulsory licence spricht, handelt es mit Blick auf ihre Ausgestaltung (Einhaltung gewisser Förmlichkeiten, Festsetzung einer gesetzlichen Vergütung, § 111 c, d 17 U.S.C.) der Sache nach eher um eine gesetzliche Lizenz. Zur Begründung der Wortwahl vgl. *Chotzen*, Entertainment Law Journal 1981, 147 Fn. 4.

[103] Vgl. die Stellungnahme des Kongresses, H.R. Rep. No. 94-1476, at 90 (1976), neu abgedruckt in 1976 U.S.C.C.A.N. 5659, 5704: „there was no evidence that the retransmission

hinsichtlich der „distant signals“ finde eine urheberrechtliche Nutzung durch Auswertung in einem Markt statt, der bei der Lizenzeinräumung und -berechnung an das Erstsendeunternehmen nicht berücksichtigt wurde[104]. Für die Network-Programme, deren nationale Verbreitung vorausgesetzt wird, und für Lokalprogramme, die nur in der „local service area“ ins Kabelnetz eingespeist werden, sind daher grundsätzlich keine zusätzlichen Urheberrechtsgebühren für die Kabelweitersendung zu entrichten.

Die exakte Höhe der zu zahlenden Lizenzgebühren bestimmt sich nach einer sehr komplexen, technischen Formel. Kleine und mittlere Kabelbetreiber zahlen unabhängig von der Anzahl der von ihnen übertragenen Signale eine einheitliche Gebühr an das United States Copyright Office, das die Vergütungen an die Urheber ausschüttet. Dies gilt selbst dann, wenn lediglich lokale Programme eingespeist werden. Es kann insoweit auch zu Urheberrechtsvergütungen für Sendevorgänge im „Versorgungsbereich“ des Ursprungssendeunternehmens kommen. Die Zahlungen von kleinen und mittleren Kabelbetreibern machen aber nur einen sehr kleinen Teil der an das Copyright Office entrichteten Urheberrechtsgebühren aus.

Große Kabelbetreiber haben – basierend auf der Anzahl der von ihnen übertragenen nicht lokalen Programme – einen Prozentsatz ihrer Bruttoeinnahmen an das Copyright Office abzuführen. Die exakte Höhe der Vergütung wird heute nach einer Formel bestimmt, die auf sog. „distant signal equivalents“ (DSEs) abstellt. Die Übertragung einer unabhängigen Sendestation entspricht dem Wert 1 DSE. Für nichtkommerzielle Kulturprogramme wird ein Wert von 0,25 DSE angesetzt. Je mehr DSE ein Kabelbetreiber einspeist, desto höher ist der Prozentsatz der Bruttoeinnahmen, die er als Urheberrechtsvergütung an das Copyright Office zu zahlen hat. Als Mindestvergütung ist eine Gebühr zu entrichten, die 1 DSE entspricht[105].

---

of ‘local’ broadcast signals by a cable operator threatens the existing market for copyright program owners.”

104 Vgl. die Stellungnahme des Kongresses, H.R. Rep. No. 94-1476, at 90 (1976), neu abgedruckt in 1976 U.S.C.C.A.N. 5659, 5704: „[s]uch retransmission adversely affects the ability of the copyright owner to exploit the work in the distant market. It is also of direct benefit to the cable system by enhancing its ability to attract subscribers and increase revenues.“

105 Dies gilt auch dann, wenn nur lokale Programme übertragen werden, 17 U.S.C. § 111 d. In der Praxis sind diese Fälle jedoch extrem selten, 69 Fed. Reg. At 3607 n.9.

d) Bewertung der Vergleichsregelungen

Die aufgezeigten Beispiele zeigen, dass andere Länder die Problematik der drohenden Doppelbelastung der Verbraucher mit Urheberrechtsgebühren im Kontext der Kabelweitersendung von Rundfunkprogrammen zum Anlass genommen haben, das Senderecht der Urheber näher zu konkretisieren. So räumen Großbritannien, Österreich und die USA den Urhebern zwar das Recht der Kabelweitersendung ein. Sie beschränken dieses Recht dann aber im Grundsatz explizit auf Weitersendevorgänge außerhalb des (intendierten) Sendebereichs der Ursprungssendung. Dadurch soll einerseits dem Interesse der Urheber Rechnung getragen werden, möglichst umfassend an der Nutzung ihrer Werke zu partizipieren. Andererseits werden aber auch die Interessen der Verbraucher berücksichtigt, für den Werkgenuss der Rundfunksendung neben der Finanzierung der Erstsendung nicht noch ein zweites Mal einstehen zu müssen. Die Regelungen zur Kabelweitersendung von Rundfunkprogrammen in den genannten Staaten folgen somit letztlich unmittelbar dem urheberrechtlichen Stufensystem zur mittelbaren Erfassung des Endverbrauchers. Sie verhindern Unstimmigkeiten in der Vergütungspraxis, die allgemein als unbefriedigend angesehen werden. Der deutsche Gesetzsetzgeber ist deshalb aufgerufen, dem Beispiel Österreichs, Großbritanniens und der USA zu folgen und die Kabelweiterleitung von Fernseh- oder Hörfunkprogrammen innerhalb des Versorgungsbereichs des Ursprungsunternehmens de lege ferenda ausdrücklich vom Senderecht auszunehmen.

2. Vorgaben des EU-Rechts

Gegen eine entsprechende gesetzliche Regelung lassen sich schließlich auch keine Einwände aus dem Gemeinschaftsrecht erheben. Weder die Satelliten- und Kabelrichtlinie noch die Richtlinie 2001/29/EG des Europäischen Parlaments und des Rates zur Harmonisierung bestimmter Aspekte des Urheberrechts und der verwandten Schutzrechte in der Informationsgesellschaft vom 22.5.2001 (im Folgenden so genannte „Info-Richtlinie")[106] stehen einer Freistellung des Versorgungsbereichs durch den deutschen Gesetzgeber entgegen.

a) Satelliten- und Kabelrichtlinie

Die Satelliten- und Kabelrichtlinie regelt ausschließlich die Weiterleitung ausländischer Programme in inländischen Kabelnetzen[107]. Sie überlässt die Ausgestaltung des Kabelweitersenderechts im Inland dagegen explizit den Mitgliedstaaten[108]. Die Problematik der Freistellung des Versorgungsbereichs des Ursprungssendeunternehmens wird von der Satelliten- und Kabelrichtlinie also nicht erfasst[109].

b) „Info-Richtlinie"

Die „Info-Richtlinie" statuiert in Art. 3 Abs. 1 ein umfassendes Recht der öffentlichen Wiedergabe, das begrifflich auch das Recht der Kabelweitersendung einschließt[110]. Die Richtlinie enthält jedoch keine näheren Vorgaben zu den Voraussetzungen des Kabelweitersenderechts, so dass der Info-Richtlinie insoweit keine Einzelheiten entnommen werden können. Darüber hinaus lässt die Richtlinie gemäß Art. 1 Abs. 2 lit. c die Regelungen zur Kabelweitersendung, wie sie

---

[106] ABl EG, Nr. L 167 v. 21.6.2001, S. 10 ff.
[107] Vgl. die Definition der Kabelweitersendung in Art. 1 Abs. 3 der Richtlinie.
[108] Erwägungsgrund 32. Vgl. auch *v. Ungern-Sternberg*, in: Schricker, UrhG, 2. Aufl. 1999, § 20 Rn. 27; *Gounalakis/Mand*, Kabelweiterleitung und urheberrechtliche Vergütung, 2003, S. 31 f.; *Dreier*; ZUM 1995, 458 (459).
[109] *V. Ungern-Sternberg*, in: Schricker, UrhG, 2. Aufl. 1999, § 20 Rn. 27; *Dreier*, in: Dreier/Schulze, UrhG, 2004, § 20 Rn. 8; ders.; ZUM 1995, 458 (459); *Gounalakis/Mand*, Kabelweiterleitung und urheberrechtliche Vergütung, 2003, S. 31.
[110] Die Vorschrift entspricht wörtlich Art. 8 WCT, der seinerseits auf einem von der EG zusammen mit ihren Mitgliedstaaten eingebrachten Textvorschlag beruht. Siehe dazu *v. Lewinski*, GRUR Int. 1997, S. 667 (675) sowie im Folgenden C III 3.

sich aus der Satelliten- und Kabelrichtlinie ergeben, ausdrücklich unberührt. Einwände gegen eine Freistellung des Versorgungsbereichs nach dem Vorbild der Regelungen in Großbritannien oder in Österreich lassen sich demnach auch nicht auf die Info-Richtlinie stützen.

3. Konventionsrecht

Gegen eine Freistellung des Versorgungsbereichs in Deutschland wird zum Teil angeführt, sie sei mit den Vorgaben der internationalen Abkommen auf dem Gebiet des Urheberrechts, insbesondere mit der Berner Übereinkunft zum Schutz von Werken der Literatur und Kunst in der Pariser Fassung vom 24. 7. 1971 (RBÜ)[111], unvereinbar. Art. 11 bis Abs. 1 RBÜ unterstelle die zeitgleiche, unveränderte und vollständige Kabelweitersendung umfassend dem Senderecht der Urheber, ohne eine Ausnahme für den Versorgungsbereich des Ursprungssendeunternehmens vorzusehen. Dessen Freistellung verstoße daher gegen konventionsrechtliche Vorgaben[112]. In diesem Zusammenhang wird auch auf Art. 8 des – noch nicht ratifizierten – WIPO-Urheberrechtsvertrages vom 20.12.1996 (WCT)[113] verwiesen, der ein solches einschränkendes Kriterium nicht enthalte[114]. Eine nähere Analyse zeigt indes, dass diese Argumentation letztlich nicht durchgreift. Weder die RBÜ noch der WCT stehen einer Einschränkung des Senderechts bei Kabelweiterleitungsvorgängen im Versorgungsbereich des Ursprungssendeunternehmens durch den deutschen Gesetzgeber entgegen.

a) RBÜ

Die RBÜ ist das älteste und von Rechtsprechung und Literatur im Bereich der Kabelweitersendung am meisten erörterte internationale Abkommen. Es bildet zugleich die Grundlage und den Bezugspunkt für zahlreiche weitere internatio-

---

[111] Siehe hierzu das Zustimmungsgesetz vom 17.8.1973, BGBl. II S. 1069.

[112] *V. Ungern-Sternberg*, in Schricker, UrhG, 2. Aufl. 1999, § 20, Rn. 34; *ders.*, Die Rechte der Urheber an Rundfunk- und Drahtfunksendungen nach internationalem und deutschem Urheberrecht, München 1973, S. 50; *Dreier*, Kabelweiterleitung und Urheberrecht, S. 56.

[113] Vgl. hierzu Beschluss des Rates vom 16.3.2000 über die Zustimmung im Namen der Europäischen Gemeinschaft zum WIPO-Urheberrechtsvertrag und zum WIPO-Vertrag über Darbietungen und Tonträger, ABl. Nr. 89, S. 6 sowie den Entwurf eines Zustimmungsgesetzes vom 23.10.2002 BT-Drs. 15/15.

[114] BGH, ZUM 2000, 749 (751) – Kabelweitersendung.

nale Verträge, wie den WCT und das Übereinkommen über handelsbezogene Aspekte der Rechte des geistigen Eigentums von 1994 (Trade-Related Aspects of Intellectual Property, TRIPS)[115].

aa) Schutzsystem

Die RBÜ gewährleistet vor allem durch zwei Mechanismen einen internationalen Urheberrechtsschutz: den Grundsatz der Inländerbehandlung gemäß Art. 5 RBÜ und die Zuerkennung von Mindestrechten. Nach dem Grundsatz der Inländerbehandlung können Urheber konventionsgeschützter Werke im Sinne des Art. 3 Abs. 1 RBÜ dieselben Rechte wie inländische Urheber in Anspruch nehmen. Die Mindestrechte der Konvention sind unmittelbar anwendbar und erlangen Bedeutung, wenn die über den Inländerbehandlungsgrundsatz anwendbare Rechtsordnung in ihrem Schutzstandard hinter dem von den Mindestrechten aufgestellten Schutz zurückbleibt[116]. In solchen Fällen können sich verbandsangehörige Ausländer direkt auf die urheberrechtlichen Gewährleistungen der RBÜ berufen. Keine unmittelbare Wirkung entfalten die Mindestrechte der RBÜ dagegen für die eigenen Staatsangehörigen eines Verbandslandes[117]. Wesensmerkmal der RBÜ ist es insoweit, dass sie nur internationale Sachverhalte regelt, auf rein inländische Sachverhalte aber nicht anwendbar ist[118].

bb) Auswirkungen auf das nationale Urheberrecht

Die Verbandsländer sind gemäß Art. 36 Abs. 1 RBÜ an sich nur verpflichtet, die Mindestrechte für internationale Sachverhalte vorzusehen. Es steht ihnen hingegen frei, das Urheberrecht für Inlandssachverhalte selbst dann unverändert zu lassen, wenn es hinter den Mindestrechten der RBÜ zurückbleibt[119]. Allerdings sind die nationalen Gesetzgeber bestrebt, staatsangehörige Urheber nicht

---

[115] Eingehend dazu *Katzenberger*, GRUR Int. 1995, 447 (447 ff.).
[116] *Nordemann/Vinck/Hertin/Meyer*, International Copyright, Commentary, Weinheim 1990, Introduction.
[117] Dazu eingehend: *Hoeren*, Kollisionsrechtliche Anknüpfungen in internationalen Datennetzen, Münster 2000, S. 4 ff.
[118] *Katzenberger*, GRUR Int. 1995, 447 (454); *Riesenhuber*, ZUM 2003, 333 (335).
[119] *Riesenhuber*, ZUM 2003, 333 (335). Missverständlich BGHZ 58, 262 (262) – Landesversicherungsanstalt: Wegen der RBÜ verbleibe „dem deutschen Gesetzgeber (...) nur ein kleiner Spielraum“, das nationale Urheberrecht auszugestalten.

schlechter zu stellen, als ausländische Urheber anderer Verbandsstaaten. Daher hat der deutsche Gesetzgeber das nationale Urheberrecht insgesamt an die Mindestrechte der RBÜ angepasst und nicht nur gemäß § 121 Abs. 4 S. 1 UrhG klargestellt[120], dass ausländische Staatsangehörige den urheberrechtlichen Schutz nach dem Inhalt der Staatsverträge beanspruchen können.

Dieses Bestreben des Gesetzgebers bildet zugleich die Grundlage für die verbreitete Annahme, die RBÜ sei auf der Grundlage einer „völkerrechtsfreundlichen“[121] bzw. „konventionsfreundlichen“[122] Auslegung als Maßstab heranzuziehen, um das deutsche UrhG auszulegen[123]. Eine solch pauschale Aussage erweist sich jedoch als nicht unproblematisch und verleitet zu Missverständnissen. Zwar muss es in der Tat Berücksichtigung finden, wenn der nationale Gesetzgeber bei einer Änderung des UrhG das Ziel verfolgt hat, die Mindeststandards der RBÜ insgesamt, d.h. nicht nur für internationale Sachverhalte, umzusetzen. Es handelt sich dabei aber nur um einen Spezialfall der historischen (subjektiv-teleologischen) Auslegung[124]. Dagegen gibt es keine höherrangigen Bindungen oder besondere Auslegungsgrundsätze, die zu einer „einheitlichen Auslegung“ des UrhG nach den Vorgaben der RBÜ zwängen[125]. Insbesondere führt der Topos der „völkerrechtsfreundlichen“ bzw. „konventionsfreundlichen“ Auslegung im vorliegenden Kontext nicht weiter. Denn durch das Zustimmungsgesetz zur RBÜ, das den Begünstigten einklagbare subjektive Rechte verschafft, hat der deutsche Gesetzgeber seine konventionsrechtlichen Verpflichtungen bereits erfüllt und zwar auch dann, wenn das auf Inlandssachverhalte anwendbare UrhG den Mindeststandards der Übereinkunft nicht entspricht. Eine von der RBÜ abweichende Auslegung des UrhG erweist sich deshalb nicht als völkerrechtswidrig oder „konventionsunfreundlich“; eine konventionsrechtliche Verpflichtung

[120] Aufgrund des Vollzugs bzw. der Transformation durch Zustimmungsgesetz gilt die RBÜ als deutsches Recht vom Rang eines einfachen Gesetzes. Sie gewährt den begünstigten Urhebern insoweit unmittelbar subjektive Rechte, BGHZ 11, 135 (138) – Lautsprecherübertragung; BGHZ 64, 183 (191) – August Vierzehn; *Katzenberger*, in: Schricker, UrhG, 2. Aufl. 1999, Vor §§ 120 ff. Rn. 116 f.

[121] *Nordemann/Vinck/Hertin/Meyer* (Fn. 115), Einleitung Rn. 33.

[122] BGHZ 141, 13 (34) – Kopienversanddienst; ähnlich auch BGH, ZUM 2000, 479 (751) – Kabelweitersendung, der die international übliche Auslegung von Art. 11 bis RBÜ auf die Auslegung von § 20 UrhG überträgt.

[123] *Schricker*, Urheberrechtliche Probleme des Kabelrundfunks, Baden-Baden 1986, S. 29.

[124] Zutreffend *Riesenhuber*, ZUM 2003, 333 (340).

[125] *Riesenhuber*, ZUM 2003, 333, 338 ff.

zur korrigierenden Auslegung besteht nicht. Stets muss deshalb im Einzelfall gesondert festgestellt werden, ob der Gesetzgeber das deutsche Urheberrecht tatsächlich auch für Inlandssachverhalte nach den Vorgaben der RBÜ ausgestalten wollte oder nicht.

De lege ferenda ist der deutsche Gesetzgeber selbstverständlich gehalten, die Mindestrechte regelmäßig auch im nationalen Recht zu gewähren, um eine Benachteiligung inländischer Urheber gegenüber den konventionsgeschützten Urhebern zu verhindern[126]. Für die Frage, ob die Kabelweiterleitung innerhalb des Versorgungsbereichs des Ursprungsunternehmens kraft ausdrücklicher Regelungen im UrhG aus dem Tatbestand des Senderechts ausgenommen werden sollte, können die Mindestrechte der RBÜ folglich nicht unberücksichtigt bleiben.

cc) Mindestrechte des Art. 11 bis Abs. 1 RBÜ

Die geltenden Vorschriften der RBÜ über das Rundfunk-, Drahtfunk- und Weitersenderecht haben sich erst allmählich im Zuge mehrerer Revisionen der ersten Fassung des Abkommens, die aus dem Jahr 1986 datiert, entwickelt. Während die ursprüngliche Fassung der Übereinkunft das Senderecht als urheberrechtliches Mindestrecht noch nicht kannte, wurde auf der Rom-Konferenz 1928 die drahtlose Rundfunksendung als Ausschließlichkeitsrecht festgelegt. Es folgte auf der Revisionskonferenz von Brüssel 1948 die Aufnahme des Rechts der drahtgebundenen wie drahtlosen Weitersendung einer drahtlosen Rundfunksendung. Keine eigenständige Regelung erfuhr die primäre Drahtfunksendung. Rechte an der drahtgebundenen Erstsendung wurden nur dem Aufführungs- und dem Vortragsrecht angefügt. Damit stellt die RBÜ auf dem Gebiet der primären Kabelsendung ein lückenhaftes und wenig übersichtliches Regelwerk zu Verfügung.

Die hier allein interessierenden Bestimmungen über das Recht der zeitgleichen, unveränderten und vollständigen Kabelweitersendung von Rundfunksendungen

---

[126] Dies kann letztlich auch ein Indiz dafür sein, dass der deutsche Gesetzgeber eine den Mindestrechten der RBÜ entsprechende Fassung des UrhG gewollt hat, *Reimer/Ulmer*, GRUR Int. 1967, 431 (435 mit Fn. 17). Im Einzelfall kann es gleichwohl Gründe geben, für Inlandssachverhalte von den Mindestrechten abzuweichen. Vgl. insoweit die Beispiele bei *Riesenhuber*, ZUM 2003, 333 (340).

sind jedoch abschließend in Art 11. bis Abs. 1 Nr. 2 RBÜ enthalten. Danach genießen Urheber von Werken der Literatur und Kunst das ausschließliche Recht, „jede öffentliche Wiedergabe des durch Rundfunk gesendeten Werkes mit oder ohne Draht" zu erlauben, „wenn diese Wiedergabe von einem anderen als dem ursprünglichen Sendeunternehmen vorgenommen wird".

Über den genauen Umfang des so normierten Mindestrechts der öffentlichen Weiterleitung einer nach Art. 11 bis Abs. 1 Nr. 1 RBÜ durch Rundfunk ausgestrahlten Sendung herrscht Streit[127]. Im Kern geht es um die Frage, ob Art. 11 bis Abs. 1 Nr. 2 RBÜ jede öffentliche Weiterleitung einer Rundfunksendung erfasst, sofern nur die Weiterleitung von einem vom Erstsendeunternehmen verschiedenen Unternehmen durchgeführt wird, oder ob der sehr weite Wortlaut unter Wertungsgesichtspunkten auf Weiterleitungsvorgänge zu beschränken ist, die auf einen Empfängerkreis außerhalb des Versorgungsbereichs des Ursprungssendeunternehmens gerichtet sind. Insoweit ähnelt der Meinungsstreit um die Auslegung des Art. 11 bis Abs. 1 Nr. 2 RBÜ sehr weitgehend den Auseinandersetzungen um den Umfang des Senderechts gemäß § 20 UrhG. Im Grundsatz kann deshalb auf die Ausführungen hierzu verwiesen werden[128]. Auch bei Art. 11 bis Abs. 1 Nr. 2 RBÜ erscheint also eine teleologische Reduktion des Wortlauts auf Kabelweitersendungen außerhalb des Versorgungsbereichs bzw. intendierten Sendebereichs des Ursprungssendeunternehmens an sich geboten[129].

Allerdings wird gegen die Zulässigkeit einer solchen einschränkenden Auslegung speziell des Weitersenderechts nach der RBÜ vielfach die Entstehungsgeschichte des Art. 11 bis Abs. 1 Nr. 2 RBÜ angeführt[130]. Andere sehen darin hin-

---

[127] Einen Abriss des bestehenden Meinungsspektrums findet sich bei *Dreier*, Kabelweiterleitung und Urheberrecht, München 1991, S. 49 ff.

[128] Teil 2 C I und II. Ausführlich *Gounalakis/Mand*, Kabelweiterleitung und urheberrechtliche Vergütung, 2003, S. 24 ff.; *Mand*, GRUR 2004, 395 (397 ff.); *Conrad*, 2003, 561 (567 f.).

[129] *Herrmann*, Grenzüberschreitende Fernseh- und Hörfunksendungen im Gemeinsamen Markt, GRUR Int. 1984, 578 (589 ff.); *Möller*, Kabelrundfunk und Versorgungsbereich, FuR 1983, 455 ff.; *Reimer*, Das Recht der öffentlichen Wiedergabe unter Berücksichtigung der technischen Entwicklung, GRUR Int. 1979, 86 (93 f.).

[130] Siehe zur Entstehungsgeschichte etwa die Darstellungen bei *Dreier*, Kabelweiterleitung und Urheberrecht, München 1991, S. 46 ff. und *v. Ungern-Sternberg*, Die Rechte der Urheber an Rundfunk- und Drahtfunksendungen nach internationalem und deutschem Urheberrecht, München 1973, S. 36 ff.

gegen einen weiteren Beleg für eine einschränkende Auslegung[131]. Wie ein Blick auf den historischen Verlauf der maßgebenden Brüsseler Revisionskonferenz von 1948 zeigt, erweisen sich beide Argumentationsansätze als wenig tragfähig.

(1) Formulierungsvorschläge zu Art. 11 bis Abs. 1 Nr. 2 RBÜ

Art. 11 bis Abs. 1 Nr. 2 RBÜ stellt in seiner geltenden Fassung einen Kompromiss dar, der im Laufe der Revisionsverhandlungen aus verschiedenen Formulierungsvorschlägen gewonnen wurde. Den Ausgangspunkt der Verhandlungen bildete der Vorschlag des Programms der Brüsseler Revisionskonferenz:

„(1) Les auteurs d'oeuvres littéraires et artistiques jouissent du droit exclusif d'autoriser : 1°la radiodiffusion de leurs oeuvres ; 2° toute nouvelle communication publique, soit par fil, soit sans fil, de l'oeuvre radiodiffusée." [132]

Der Urheber sollte ausweislich dieses Vorschlags neben dem Recht der Rundfunksendung auch das ausschließliche Recht erhalten, jede neue drahtgebundene oder drahtlose Mitteilung des über Rundfunk gesendeten Werks zu erlauben.

Das zentrale, die Weitersendung als Verwertungstatbestand konstituierende Merkmal war nach dieser Formulierung die neuerliche Mitteilung des Werks an die Öffentlichkeit. Dieser Begriff sollte nur solche Weitersendungsvorgänge einschließen, die sich an einen neuen, von der Erstsendung verschiedenen Hörerkreis richten (réémission)[133]. Nicht vom Verbotsrecht des Urhebers umfasst sein sollten dagegen Weiterleitungen, welche die Reichweite der Erstsendung nicht überschreiten (retransmission)[134]. Damit suchte der Vorschlag die Interessen der Nutzer an einer umfassenden Weiterleitung der Programme mit den Urheberinteressen an einer wirtschaftlichen Beteiligung an der Weitersendung in einer Weise auszugleichen, die eine Doppelvergütung der Urheber zu Lasten der Werkrezipienten vermieden hätte. Dennoch verwarf man den Vorschlag. Ursache hierfür waren Bestrebungen der Delegationen Monacos und der Niederlan-

[131] *Kälin*, Der urheberrechtliche Vergütungsanspruch bei der Werkverwertung mit Hilfe des Satellitenrundfunks und der Kabelweiterverbreitung, Bern 1986, S. 154 f., 164 f.; *Möller*, Kabelrundfunk und Versorgungsbereich, FuR 1983, 455 ff.
[132] Documents de la conférence de Bruxelles, Bern 1951 (DCB), S. 270.
[133] DCB, S. 265.
[134] DCB, S. 265.

de, den Sendeunternehmen ein möglichst weitgehendes Erstsenderecht zu gewähren. Es sollte sich auf alle technischen Sendekapazitäten erstrecken und insbesondere nicht durch etwaige Weitersenderechte der Urheber beeinträchtigt werden[135]. Insofern befürchtet man, im Rahmen der verschiedenen technischen Sendeaktivitäten der Sendeunternehmen könne nicht eindeutig zwischen retransmission und réémission unterschieden werden[136]. Die genannten Interessen der Sendeunternehmen vertrat Monaco schließlich in einem eigenen Vorschlag:

„Le droit de radiodiffuser une oeuvre couvre l'utilisation de tous les procédés et moyens d'émission et de transmission de sons et d'images qu'exploite l'organisme de radiodiffusion bénéficiaire de ce droit."[137]

Die Gegenposition Monacos zum Programmentwurf sah also nicht etwa die Stärkung der Beteiligung der Urheber an der Weitersendung vor, sondern beabsichtigte, die Nutzung sämtlicher einem Sendeunternehmen zu Gebote stehenden technischen Einrichtungen, namentlich auch jener, die der réémission dienen, als vom Senderecht eingeschlossen zu betrachten. Die Position des Urhebers wäre durch diesen Vorschlag in zweierlei Hinsicht massiv beeinträchtigt worden: Zunächst hätte er dem Urheber die Freiheit genommen, den Sendeunternehmen mit den Mitteln des Urhebervertragsrechts nur einzelne, dem Senderecht angehörende Verwertungshandlungen zu gestatten[138]. Darüber hinaus gewährte er auch kein Verbotsrecht gegenüber Weitersendungshandlungen durch Dritte. Wegen der unzulässigen Vermischung vertragsrechtlicher und dinglicher Rechtspositionen des Urhebers und der insgesamt den Schutzzielen der RBÜ zuwiderlaufenden Zweckrichtung konnte sich der Vorschlag Monacos letztlich aber nicht durchsetzen.

Verwirklicht wurde schließlich ein Kompromissvorschlag der belgischen Delegation für Art. 11 bis Abs. 1 Nr. 2 RBÜ, der die beiden vorgenannten Entwürfe und die darin enthaltenen Interessen weitgehend miteinander verbindet:

---

[135] *V. Ungern-Sternberg*, Die Rechte der Urheber an Rundfunk- und Drahtfunksendungen nach internationalem und deutschem Urheberrecht, S. 38.
[136] Vgl. *Bolla*, Rapport de la Sous-Commission pour la Radiodiffusion et les Instruments Mécaniques, DCB, S. 114 f.
[137] DCB, S. 275.
[138] *V. Ungern-Sternberg*, Die Rechte der Urheber an Rundfunk- und Drahtfunksendungen nach internationalem und deutschem Urheberrecht, S. 39.

„Toute communication publique, soit par fil soit sans fil, de l'oeuvre radiodiffusée, lorque cette communication est effectuée par un autre organisme que celui d'origine."[139]

Der dem geltenden Recht entsprechende belgische Vorschlag gewährt dem Urheber lediglich gegenüber einem anderen als dem ursprünglichen Sendeunternehmen ein ausschließliches Recht an der Kabelweitersendung[140]. Das integrierende Element des belgischen Vermittlungsvorschlags, das die genannten abgelehnten Vorschläge in ihrer Zielrichtung miteinander vereinigt, besteht im Merkmal des anderen Unternehmens. Anhand dieses Merkmals lassen sich sowohl Rückschlüsse auf den Umfang der den Sendeunternehmen vertraglich eingeräumten Sendebefugnis als auch auf die Grenzen des Kabelweitersenderechts ziehen: Zunächst soll Art. 11 bis Abs. 1 Nr. 2 RBÜ ein Kabelweitersenderecht des Urhebers gegenüber dem ursprünglichen Sendeunternehmen ausschließen[141]. Kabelweitersendungsvorgänge des Sendeunternehmens unterliegen somit gemäß Art. 11 bis Abs. 1 Nr. 2 RBÜ nicht dem dinglichen Verbotsrecht des Urhebers, sondern allenfalls dem Vertragsverhältnis zwischen Urheber und Sendeunternehmen[142]. Damit wird dem Sendeunternehmen zwar kein von vornherein alle technischen Sendekapazitäten umfassendes dingliches Senderecht zugebilligt, doch führt das Merkmal des anderen Unternehmens zu einer im Vertragsverhältnis widerleglichen Vermutung zugunsten des Sendeunternehmens, auch von der Kabelweitersendung Gebrauch machen zu dürfen[143].

Ferner ist auch die Absicht des Vorschlags, nur die den Hörerkreis erweiternde réémission dem Weitersenderecht des Urhebers zu unterstellen, durch den belgischen Kompromissvorschlag verwirklicht: Denn zur Zeit der Brüsseler Konfe-

---

[139] DCB, S. 290.

[140] Das Recht an der drahtlosen Weiterleitung ergibt sich bereits aus Art. 11 bis Abs. 1 Nr. 1 RBÜ, so dass die Beschränkung auf ein anderes Unternehmen nur für die drahtgebundene Weitersendung Wirkungen entfaltet.

[141] *Dreier*, Kabelweiterleitung und Urheberrecht, 1991, S. 57 f.; *v. Ungern-Sternberg*, Die Rechte der Urheber an Rundfunk- und Drahtfunksendungen nach internationalem und deutschem Urheberrecht, S. 60.

[142] *Dreier*, Kabelweiterleitung und Urheberrecht, 1991, S. 57 f.; *Walter*, Gemeinschaftsantennen und Rundfunkvermittlungsanlagen im Recht der Berner Übereinkunft, GRUR Int. 1974, S. 119 (122 f.).

[143] *V. Ungern-Sternberg*, Die Rechte der Urheber an Rundfunk- und Drahtfunksendungen nach internationalem und deutschem Urheberrecht, S. 47; *Walter*, GRUR Int. 1974, S. 119 (122 f.).

renz waren nur solche Weiterleitungen durch dritte Unternehmen üblich, die sich an ein außerhalb des ursprünglichen Sendebereichs gelegenes Publikum richten[144]. Damit aber war zumindest faktisch eine auf den Versorgungsbereich des Ursprungssendeunternehmens beschränkte Bedeutung des Kabelweitersenderechts und ein angemessener Ausgleich der Verwerter- und Urheberinteressen erreicht. Auf das Merkmal der erneuten Wiedergabe konnte man verzichten.

(2) Relevanz für die Auslegung des Art. 11 bis Abs. 1 Nr. 2 RBÜ

Aus dem vorstehend skizzierten Verlauf der Brüsseler Revisionskonferenz wird vielfach gefolgert, die Entstehungsgeschichte des Art. 11 bis Abs. 1 Nr. 2 RBÜ verbiete eine den Wortlaut der Vorschrift einschränkende Auslegung, die darauf hinauslaufe, zusätzliche Erfordernisse in Bezug auf die Erschließung bestimmter Empfängerkreise aufzustellen[145]. Man habe sich bewusst von dem als zu unbestimmt empfundenen Merkmal der neuerlichen Mitteilung getrennt und es durch das formale und damit unterscheidungskräftige Merkmal des anderen Unternehmens ersetzt[146].

Dem ist insoweit zuzustimmen, als die Unterscheidung zwischen Weiterleitungsvorgängen der retransmission von der réémission für die verschiedenen technischen Sendehandlungen der Sendeunternehmen in der Tat schwierig ist und die Sendeunternehmen befürchten mussten, für bereits abgegoltene Sendevorgänge einem neuerlichen Verbotsrecht des Urhebers ausgesetzt zu sein. Daraus lassen sich jedoch keine zwingenden Aussagen für den Umfang des Kabelweitersenderechts ableiten. Gewichtige Gründe sprechen vielmehr dafür, dass der von der Konferenz angenommene belgische Vorschlag die im Programmentwurf gesteckten inhaltlichen Grenzen des Weitersenderechts gerade unange-

---

[144] Vgl. *Kälin*, Der urheberrechtliche Vergütungsanspruch bei der Werkverwertung mit Hilfe des Satellitenrundfunks und der Kabelweiterverbreitung, Bern 1986, S. 155 ff.
[145] *Dreier*, Kabelweiterleitung und Urheberrecht, S. 51 ff.; *Nordemann/Vinck/Hertin/Meyer* (Fn. 115), Art. 11 bis BC, Rn. 4; *Platho*, Urheberrechtsprobleme der Weiterverbreitung von Sendungen in Kabelnetzen, Köln, Berlin, Bonn, München 1983, S. 32; *Stern*, Die Weiterverbreitung von Radio- und Fernsehsendungen, Zürich 1970, S. 65; *Walter*, GRUR 1974, S. 119 (121).
[146] *Dreier*, Kabelweiterleitung und Urheberrecht, S. 55; *Walter*, GRUR 1974, S. 119 (121).

tastet lassen wollte[147]. So bestanden die genannten Abgrenzungsschwierigkeiten allein für den Fall einer Weiterleitung durch Sendeunternehmen. Nur für sie stellte sich das Problem, welche der vorgenommenen Sendehandlungen dem Weitersenderecht unterfallen sollten. Diese Schwierigkeiten wurden aber nicht etwa durch ein neues, unterscheidungskräftiges Abgrenzungsmerkmal gelöst, sondern durch einen gänzlichen Verzicht auf ein ausschließliches Kabelweitersenderecht des Urhebers gegenüber dem Sendeunternehmen. Für das dem Urheber danach allein verbleibende Kabelweitersenderecht gegenüber Drittunternehmen bereitete das Merkmal der neuen öffentlichen Mitteilung nun gerade keine Probleme: Zur Zeit der Brüsseler Konferenz waren Weiterleitungen durch Drittunternehmen stets nur außerhalb des Sendegebiets der ursprünglichen Sendeunternehmen üblich[148]. Mithin bestand kein Bedürfnis mehr, das Merkmal der neuen Mitteilung in Art. 11 bis Abs. 1 Nr. 2 RBÜ ausdrücklich aufzunehmen. Weder die fehlende ausdrückliche Erwähnung des Merkmals, noch der Verweis auf seine mangelnde Unterscheidungskraft können also überzeugend belegen, dass Art. 11 bis Abs. 1 Nr. 2 RBÜ einer einschränkenden Auslegung nicht zugänglich sei.

Für eine solche Auslegung spricht im Gegenteil der Kompromisscharakter der Vorschrift. Das maßgebliche Motiv, den ursprünglichen Entwurf abzulehnen, bestand weniger in dessen begrifflicher Unschärfe als in einem Zugeständnis an die Delegationen Monacos und der Niederlande. Diese wollten eine Belastung der Sendeunternehmen mit einem Weitersenderecht des Urhebers verhindern, nicht aber ein umfassendes, alle Sendevorgänge im Versorgungsbereich erfassendes Weitersenderecht gewährleisten[149].

---

[147] So auch *Möller*, Kabelrundfunk im Versorgungsbereich, FuR 1983, S. 455 (461); zustimmend *Gounalakis*, Kabelfernsehen im Spannungsfeld von Urheberrecht und Verbraucherschutz, Baden-Baden, 1989, S. 284.

[148] Vgl. *Kälin*, Der urheberrechtliche Vergütungsanspruch bei der Werkverwertung mit Hilfe des Satellitenrundfunks und der Kabelweiterverbreitung, S. 155 ff. Die Vorstellungen der Konferenzteilnehmer von der Marktaufteilung können übrigens auch aus Art. 11 bis Abs. 1 Nr. 1 RBÜ entnommen werden, wonach dem Urheber nur ein Verbotsrecht für die drahtlose, nicht aber für die drahtgebundene Sendung zusteht. Dies lässt sich nur daraus erklären, dass das Kabel als Mittel zur Veranstaltung von Erstsendungen noch keine Rolle spielte. Dem Kabelfunk kam in der Form der Kabelweitersendung also nur für einen außerhalb des Erstsendebereichs liegenden Rezipientenkreis Bedeutung zu.

[149] In diesem Sinne auch *Schwertfeger*, Kabelfernsehen und Urheberschutz, Frankfurt, Bern, New York, Paris 1987, S. 161.

Nach allem besitzt die Entstehungsgeschichte des Art. 11 bis Abs. 1 Nr. 2 RBÜ im Zusammenhang mit der Freistellung des Versorgungsbereichs des Ursprungssendeunternehmens bei Kabelweitersendevorgängen eine nur sehr eingeschränkte Aussagekraft. Festzustellen ist aber, dass der Verlauf der Revisionskonferenz von 1948 jedenfalls eine einschränkende Interpretation des Wortlauts nicht ausschließt. Eher vermag die historische Auslegung eine einschränkende Deutung der Vorschrift zu stützen. Die hierfür vorgebrachten Argumente bleiben also auch unter Berücksichtigung der Entstehungsgeschichte maßgebend: Um eine Doppelbelastung der Verbraucher und korrespondierend eine Doppelvergütung der Urheber zu verhindern, ist das Recht der Kabelweitersendung auf solche Sendevorgänge zu beschränken, die sich auf Sendegebiete außerhalb des Versorgungsbereichs des Ursprungssendeunternehmens beziehen. Damit ergeben sich aus Art. 11 bis Abs. 1 Nr. 2 RBÜ keine Bedenken, das Senderecht im Versorgungsbereich des Ursprungssendeunternehmens de lege ferenda in Deutschland explizit einzuschränken.

b) WIPO-Urheberrechtsvertrag (WCT)

Eine gesetzliche Einschränkung des Kabelweitersenderechts in Deutschland könnte aber mit den Vorgaben des Art. 8 WCT kollidieren. Der WCT wurde am 20.12.1996 in Genf abgeschlossen[150]. Er stellt ausweislich seines Art. 1 Abs. 1 ein Sonderabkommen im Sinne des Art. 20 RBÜ dar und darf daher keine Bestimmungen enthalten, die der RBÜ zuwiderlaufen oder weniger Schutz als diese gewähren. Zunächst übernimmt der WCT die Schutzprinzipien der RBÜ, insbesondere den Inländergrundsatz und die Mindestrechte (Art. 3 WCT). Ferner integriert er auch die materiell-rechtlichen Vorschriften der RBÜ (Art. 1 Abs. 4 WCT), also auch die Bestimmungen über die Kabelweitersendung aus Art. 11 bis Abs. 1 RBÜ. Über diese aus der RBÜ übernommenen Vorschriften hinaus sieht der WCT eigene, neue Mindestrechte vor. Als eine der Haupterrungenschaften des Abkommens wird das in Art. 8 WCT neu normierte Mindestrecht der öffentlichen Wiedergabe angesehen. Dieses Recht ergänzt die bruchstückhafte Regelung des Rechts der öffentlichen Wiedergabe in Art. 11 - 11 ter RBÜ im Rahmen eines technikunabhängigen Ansatzes. Darüber hinaus gewährt es

[150] Vgl. zu Inhalt und Entstehung *v. Lewinski*, Die diplomatische Konferenz der WIPO 1996 zum Urheberrecht und zu verwandten Schutzrechten, GRUR Int. 1997, S. 667 (675).

erstmals in einem internationalen Abkommen auch das Recht der Online-Zugänglichmachung. Art. 8 WCT lautet:

„Unbeschadet der Bestimmungen von Art. 11 Abs. 1 Ziffer 2, Art. 11 bis Abs. 1 Ziffern 1 und 2, Art. 11 ter Abs. 1 Ziffer 2, Art. 14 Abs. 1 Ziffer 2 und Art. 14 bis Abs. 1 der Berner Übereinkunft haben die Urheber von Werken der Literatur und Kunst das ausschließliche Recht, die öffentliche drahtlose oder drahtgebundene Wiedergabe ihrer Werke zu erlauben, einschließlich der Zugänglichmachung ihrer Werke in der Weise, dass sie Mitgliedern der Öffentlichkeit an Orten und zu Zeiten ihrer Wahl zugänglich sind."

Als Unterfall der öffentlichen Wiedergabe erfasst Art. 8 WCT auch die Kabelweitersendung. Die Vorschrift erweitert die in Art. 11 bis Abs. 1 Nr. 2 RBÜ geregelten Rechte an der Kabelweitersendung jedoch nicht. Zwar darf der WCT als Sonderabkommen im Sinne von Art. 20 RBÜ Mindestrechte vorsehen, die in ihrem Umfang über die Gewährleistungen der RBÜ hinausreichen. Art. 8 WCT dient aber allein dazu, die lückenhafte Regelung der RBÜ zum Recht der öffentlichen Wiedergabe zu ergänzen und einen umfassenden, alle Wiedergabeformen erfassenden Schutz zu gewährleisten.[151] Die Voraussetzungen der einzelnen Wiedergaberechte entsprechen hingegen denen der RBÜ. Die zur RBÜ angestellten Erwägungen zur Reichweite des Rechts der Kabelweitersendung gelten also auch im Rahmen von Art. 8 WCT. Bedenken gegen eine gesetzliche Einschränkung des Weitersenderechts im Versorgungsbereich des Ursprungssendeunternehmens bestehen nicht.

4. Ergebnis

Nach dem Wortlaut des § 20 UrhG erfasst das Senderecht uneingeschränkt jeden Kabelweitersendevorgang. Griffe die Kabelweitersendung von Rundfunkprogrammen im Versorgungsbereich des Ursprungssendeunternehmens aber erneut in das Senderecht ein, müsste der Verbraucher für den Empfang der Sendung über das Kabelnetz eine doppelte Urheberrechtsvergütung zahlen: Neben der Vergütung für die Erstsendung, die der Rezipient der Programme entweder über

---

[151] Dies ergibt sich bereits aus der Nennung aller in der RBÜ bekannten Arten der öffentlichen Wiedergabe in Art. 8 WCT, die das Abkommen ausdrücklich unberührt lassen will. Vgl. insoweit *v. Lewinski*, in: Loewenheim (Hrsg.), Handbuch des Urheberrechts, München 2003, § 57, Rn. 83; *dies.*, GRUR Int. 1997, S. 667 (675).

die Rundfunkgebühr oder – bei den privaten Rundfunkprogrammen – über die auf die Konsumentenpreise umgelegten Werbeaufwendungen der Industrie finanziert, erhielte der Urheber von dem Werkvermittler eine gesonderte Urheberrechtsvergütung für die Kabelweitersendung, die letztlich ebenfalls auf die Endverbraucher umgelegt würde. Eine solche zusätzliche Belastung der Verbraucher ist nicht gerechtfertigt. Denn die zeitgleiche, unveränderte und vollständige Weiterübertragung begründet gegenüber der Erstsendung keine neue, eigenständige Nutzung. Jedes Programm kann vom Rezipienten zeitgleich nur einmal empfangen werden.

De lege lata ist eine angemessene, dem Gebot der Billigkeit entsprechende Lösung dieses Problems jedoch nur schwer möglich. Sämtliche Versuche, den sehr weiten Wortlaut des § 20 UrhG sachgerecht zu beschränken, vermögen dogmatisch nur bedingt zu überzeugen. Die Rechtsprechung, die sich lange um eine wertende Einschränkung des Kabelweitersenderechts im Versorgungsbereich bemüht hat, scheint deshalb nicht mehr bereit zu sein, den Wortlaut des geltenden Rechts aufgrund von Billigkeitserwägungen korrigierend einzugrenzen. Das Bedürfnis für eine Einschränkung des Kabelweitersenderechts im Versorgungsbereich des Ursprungssendeunternehmens ist indessen nicht entfallen. Der Gesetzgeber ist daher aufgerufen, de lege ferenda klarzustellen, dass die Weitersendung von Programmen im Versorgungsbereich des Sendeunternehmens nicht erneut in das Senderecht eingreift.

Eine derartige Regelung ist international nicht unüblich. Namentlich Staaten wie Österreich und Großbritannien, deren Rundfunkordnungen aufgrund der starken Stellung des öffentlich-rechtlichen Rundfunks dem dualen System in Deutschland ähnlich sind, haben das Kabelweitersenderecht expliziten Schranken unterworfen und dabei den Versorgungsbereich des Ursprungssendeunternehmens tatbestandlich ausgenommen. An diesen Regelungen kann sich der deutsche Gesetzgeber orientieren.

Keine Bedenken gegen eine gesetzliche Freistellung des Versorgungsbereichs in Deutschland ergeben sich aus den internationalen Verträgen auf dem Gebiet des Urheberrechts oder dem EU-Recht. Insbesondere bleibt das deutsche Recht im Falle einer solchen Begrenzung des Senderechts nicht hinter den Mindestrechten der RBÜ für internationale Sachverhalte zurück. Zwar ist der Wortlaut des Art. 11 bis Abs. 1 Nr. 2 RBÜ wie das deutsche Recht sehr weitgehend formuliert. Unter Berücksichtigung von Sinn und Zweck sowie der Entstehungsgeschichte der Norm ist jedoch eine wertende Einschränkung des Kabelweitersenderechts auch in der RBÜ möglich und geboten. Demgegenüber treffen weder der WCT noch die Info-RL oder die Satelliten- und Kabelrichtlinie der EU eigenständige, von der RBÜ abweichende Festlegungen zu den Voraussetzungen und Grenzen des Kabelweitersenderechts bei Sendevorgängen im Versorgungsbereich des Ursprungssendeunternehmens.

D. Kabelweitersendung und Signaltransport

Falls die Kabelweiterleitung von Rundfunkprogrammen in das Senderecht gemäß § 20 UrhG eingreift, namentlich also bei Sendevorgängen außerhalb des Versorgungsbereichs des Ursprungssendeunternehmens, fragt sich, wer die betreffenden Kabelweitersenderechte erwerben muss bzw. – bei einer unbefugten Weitersendung der Programme – wer für den rechtswidrigen Eingriff in das Senderecht urheberrechtlich haftet.

I. Urheberrechtliche Verantwortung für eigene und fremde Sendungen

Urheberrechtliche Ansprüche im Zusammenhang mit der Kabelweitersendung richten sich in erster Linie gegen denjenigen, der selbst sendet, d.h. selbst in das Senderecht der Urheber oder die verwandten Schutzrechte der sonstigen Leistungsschutzberechtigten eingreift. Er muss vom Urheber und den Inhabern verwandter Schutzrechte die erforderlichen Nutzungsrechte vertraglich erwerben und schuldet dafür gemäß § 32 UrhG eine angemessene Vergütung. Verfügt er nicht über die erforderlichen Senderechte, verletzt die Kabelweitersendung das Ausschließlichkeitsrecht des Urhebers und etwaige sonstige Leistungsschutzrechte. Der Sendende haftet dann nach Maßgabe des § 97 UrhG auf Beseitigung der Störung, auf Unterlassung und gegebenenfalls auf Schadensersatz und Gewinnherausgabe.

Die urheberrechtliche Haftung für Eingriffe in das Kabelweitersenderecht reicht indes weiter. Neben dem Sendenden haftet gemäß § 97 UrhG jeder für urheberrechtlich nicht gestattete Sendevorgänge, der adäquat kausal an der Verletzungshandlung beteiligt ist. Insbesondere ist derjenige unmittelbar urheberrechtlich verantwortlich, der die unbefugte Sendung zwar nicht selbst vornimmt, dem diese jedoch als eigene zugerechnet wird, weil er sie veranlasst oder einen sonstigen Grund für eine adäquate Verursachung gesetzt hat (sog. Veranlasserhaftung)[152]. Darüber hinaus erfasst die urheberrechtliche Haftung aber auch alle anderen Formen der Täterschaft und Teilnahme, ohne dass es auf eine nähere Differenzierung hinsichtlich der Beteiligungsform ankäme[153]. Jede Art der Beteiligung an der unbefugten Kabelweitersendung begründet eine Einstandspflicht.

Keine urheberrechtliche Verantwortung trifft hingegen denjenigen, der lediglich unselbständige Hilfsdienste leistet[154]. Diese Ausnahme schränkt die Haftung für fremde Urheberrechtsverletzungen unter Wertungsgesichtspunkten ein[155]: Wer nur durch den Einsatz organisatorischer oder technischer Mittel an der von einem anderen vorgenommenen urheberrechtlichen Nutzungshandlung beteiligt war, soll nach Treu und Glauben urheberrechtlich nicht in Anspruch genommen werden dürfen. Konkret hat der BGH zu den bloßen Hilfspersonen etwa Konzertveranstalter gezählt, wenn die Musiker rechtswidrig hergestellte Notenkopien benutzen[156]. Nach allgemeiner Ansicht können darunter aber auch Telekommunikationsunternehmen fallen, die lediglich die für eine öffentliche Mitteilung erforderlichen Infrastruktureinrichtungen wie Leitungen oder Funkstationen zur Verfügung stellen[157]. Im Bereich des Internet ist dies durch § 9 TDG auch ausdrücklich normiert[158].

---

[152] So im Ergebnis BGH, ZUM 2000, 749 (752 f.) – Kabelweitersendung. Obgleich das Gericht von einer Veranlassersituation ausgeht, bejaht es aber keine Täterschaft, sondern nur eine Teilnahme des veranlassenden Sendeunternehmens. Vgl. dazu auch *Gounalakis/Mand*, Kabelweiterleitung und urheberrechtliche Vergütung, 2003, S. 79. Allgemein zur Haftung des Veranlassers BGH GRUR 1994, 363 – Holzhandelsprogramm; BGH GRUR 1987, 37 (39) – Videolizenzvertrag; *Dreier*, in: Dreier/Schulze, UrhG, 2004, § 97 Rn. 23; *v. Wolff*, in: Wandtke/Bullinger, UrhG, 2002, § 97 Rn. 16 f.

[153] BGH, ZUM 2000, 749 (752 f.) – Kabelweitersendung unter Hinweis auf BGHZ 136, 380 (389) – Spielbankaffäre. Vgl. allgemein auch *Wild*, in: Schricker, UrhG, 2. Aufl. 1999, § 97 Rn. 35; *Dreier*, in: Dreier/Schulze, UrhG, 2004, § 97 Rn. 23.

[154] BGH GRUR 1972, 141 – Konzertveranstalter; BGH GRUR 1990, 353 (354) – Raubkopien; BGH GRUR 1999, 418 (420) – Möbelklassiker; *Wild*, in: Schricker, UrhG, 2. Aufl. 1999, § 97 Rn. 38; *v. Wolff*, in: Wandtke/Bullinger, UrhG, 2002, § 97 Rn. 14; *Dreier*, in: Dreier/Schulze, UrhG, 2004, § 97 Rn. 32

[155] *V. Wolff*, in: Wandtke/Bullinger, UrhG, 2002, § 97 Rn. 14; *Dreier*, in: Dreier/Schulze, UrhG, 2004, § 97 Rn. 32.

[156] BGH GRUR 1972, 141 – Konzertveranstalter.

[157] *Dreier*, in: Dreier/Schulze, UrhG, 2004, § 97 Rn. 32; *Gounalakis/Mand*, Kabelweiterleitung und urheberrechtliche Vergütung, 2003, S. 45 und passim; *v. Ungern-Sternberg*, Die

II. Begriff des „Sendenden"

Unbeschadet einer möglichen Haftung für Verletzungshandlungen Dritter hängt die urheberrechtliche Verantwortung für die Kabelweitersendung in erster Linie davon ab, wer als Sendender zu qualifizieren ist. Da das Kabelweitersenderecht an eine Werkvermittlung über das Kabelnetz anknüpft, stellt eine verbreitete Ansicht diesbezüglich ohne weiteres auf den technischen Betrieb der Kabelnetze ab. Sendender und damit unmittelbar für die Kabelweitersendung verantwortlich sei stets der Kabelbetreiber, der die Signale in sein Netz einspeist und weiterleitet[159]. Er greife direkt in das Senderecht ein und müsse deshalb auch selbst gegen entsprechende Vergütung die Weitersenderechte von den Urhebern und sonstigen Leistungsschutzberechtigten erwerben.

Dieser Auffassung scheint auch der BGH in der so genannten Kaufbeuren-Entscheidung zu folgen. Darin hat das Gericht die über das lokale Kabelnetz der Deutschen Bundespost verbreiteten Programme ohne nähere Begründung als „eigene Sendungen" der Deutschen Bundespost bezeichnet[160]. Ob aus dieser Feststellung tatsächlich auf eine generelle Verantwortlichkeit des Kabelbetreibers für den Weitersendevorgang geschlossen werden kann, erscheint allerdings zweifelhaft.

1. Kaufbeuren-Entscheidung des BGH

Die Deutsche Bundespost hatte im Verfahren die Position vertreten, sie sei urheberrechtlich für die Kabelweitersendung als Verwertungsvorgang nicht verantwortlich. Mit der Kabelübertragung der örtlich empfangbaren Rundfunkprogramme veranstalte sie keine eigenen Sendungen, sondern leite an die Rundfunkteilnehmer lediglich solche Programme weiter, in deren Verbreitung sie oh-

Rechte der Urheber an Rundfunk- und Drahtfunksendungen nach internationalem und deutschem Urheberrecht, 1973, S. 28.

158 Die Haftungsbegrenzungen der §§ 8 ff. TDG gelten nach allgemeiner Ansicht auch für urheberrechtliche Sachverhalte, vgl. *Wild*, in: Schricker, UrhG, 2. Aufl. 1999, § 97 Rn. 40 a ff.; *Dreier*, in: Dreier/Schulze, UrhG, 2004, § 97 Rn. 36; *v. Wolff*, in: Wandtke/Bullinger, UrhG, 2002, § 97 Rn. 20 ff. Die gegenteilige Auffassung des OLG München, ZUM 2001, 420 (423 ff.) – MIDI-Files (zu § 5 TDG a.F.) ist jedenfalls nach der ausdrücklichen Ausnahme des Urheberrechts von der Regelung zum Herkunftslandprinzip in § 4 Abs. 4 Nr. 6 TDG heute nicht mehr vertretbar.

159 *Dreier*, in: Dreier/Schulze, UrhG, 2004, § 97 Rn. 32 m.w.N.

160 BGH, GRUR 1988, 206 ff. – Kabelfernsehen II.

nehin einbezogen sei. Es liege ein einheitlicher Übermittlungsvorgang des Sendeunternehmens vor, bei dem die Veranstaltung von Rundfunksendungen auf der einen und die Sendetechnik auf der anderen Seite zusammenwirkten. Ein selbständiger urheberrechtlicher Eingriffs- und Verwertungstatbestand sei mithin zu verneinen.

Diese Argumentation wies der Bundesgerichtshof zurück[161]. Der "Sendevorgang" der Bundespost besitze eine eigenständige Bedeutung. Der Gesetzgeber habe bei § 20 UrhG a.F. bewusst an den technischen Vorgang angeknüpft und dem Urheber im Einklang mit Art. 11 bis RBÜ ein ausschließliches Recht zur Sendung seines Werkes auch für den Fall gewähren wollen, dass der Drahtfunk lediglich das Programm des örtlichen Rundfunksenders übernimmt und nur Personen zugänglich macht, die zugleich Rundfunkteilnehmer sind.

Damit hat der BGH klargestellt, dass die Weiterverbreitung von Programmen über Kabel als selbständiger Verwertungsakt anzusehen und von der terrestrischen Übertragung zu unterscheiden ist. Dementsprechend ist nach Ansicht des Gerichts auch die urheberrechtliche Verantwortlichkeit getrennt zu bewerten. Der Hinweis der Bundespost, sie sei ohnehin in die Verbreitung der terrestrischen Programme eingeschaltet, sei also nicht geeignet "die selbstständige Bedeutung des Sendevorgangs der Beklagten (scil.: der Bundespost) zu verneinen"[162]: Ob eine Kabelweitersendung des Kabelbetreibers vorliegt, kann nicht davon abhängen, inwieweit dieser in die Verbreitung der terrestrisch ausgestrahlten Programme der Sendeunternehmen einbezogen ist. Insoweit ist dem BGH ohne weiteres zu folgen.

Leider findet sich in der Entscheidung jedoch keine nähere Begründung, wie der BGH zu dem Ergebnis gelangt ist, die Kabelweiterleitung stelle einen eigenen "Sendevorgang der Beklagten", d.h. der Bundespost dar. Offenbar hielt das Gericht eine nähere Einlassung zu dieser Problematik für entbehrlich. Tatsächlich ergeben sich aus dem festgestellten Sachverhalt keine Hinweise, die eine unmittelbare urheberrechtliche Verantwortlichkeit der Deutschen Bundespost für die Kabelweitersendung ernsthaft in Frage stellen konnten. Die zugrunde liegende Rechtsstreitigkeit zwischen der Bundespost und der GEMA fiel in die Anfangszeit der Kabelweiterleitung von Rundfunkprogrammen zu Beginn der achtziger

---

[161] BGH, GRUR 1988, 206 (209) – Kabelfernsehen II.
[162] BGH, GRUR 1988, 206 (209) – Kabelfernsehen II.

Jahre. Die Deutsche Bundespost war erst im Begriff, das Breitbandnetz großflächig auszubauen. Zur Finanzierung verlangte sie von den Kabelkunden Entgelte und bot als Gegenleistung die Zuleitung auch solcher Rundfunkprogramme an, die in den betreffenden Gebieten nicht oder nur in schlechter Qualität terrestrisch zu empfangen waren. Den Entschluss, die betreffenden Rundfunkprogramme über das Kabelnetz weiterzuleiten, fasste dabei allein die Bundespost. Vertragliche Vereinbarungen mit den Sendeunternehmen speziell zur Kabelweiterleitung bestanden nicht; insbesondere war die Deutsche Bundespost nicht verpflichtet, die Rundfunkprogramme über das Kabelnetz weiterzuverbreiten. Die Deutsche Bundespost steuerte und beherrschte also den gesamten Weiterleitungsvorgang. Folgerichtig hat sie der BGH in urheberrechtlicher Hinsicht auch als Sender der Programme eingestuft.

Hieraus lässt sich jedoch nicht schließen, dass die Kabelbetreiber stets und schon deshalb selbst urheberrechtlich für die Weiterleitung verantwortlich sind, weil sie die Signale zeitgleich, unverändert und vollständig in die eigenen Kabelanlagen einspeisen und weiterleiten. Die vom BGH betonte eigenständige Bedeutung des technischen Vorgangs der Kabelweiterleitung erfordert zwar eine eigenständige, spezifisch auf die Kabelübermittlung bezogene Verantwortlichkeitsprüfung. Der über das Kabelnetz Sendende kann also nicht geltend machen, er wirke nur am ursprünglichen Sendevorgang über terrestrische Funkanlagen oder Satellit mit. Nicht gesagt ist damit jedoch, dass stets der Kabelbetreiber im urheberrechtlichen Sinne die Kabelsendungen veranstaltet. Insbesondere ergibt sich die Stellung als Sendender nicht allein aus seiner technischen Mitwirkung an der integralen Weiterleitung der Signale über sein Kabelnetz. Eine derartige Sichtweise, nach der in letzter Konsequenz der Netzbetreiber stets unmittelbar und primär urheberrechtlich für die Kabelweiterleitung verantwortlich wäre[163], widerspräche den anerkannten Grundsätzen zur urheberrechtlichen Verantwortlichkeit bei Eingriffen in das Senderecht.

[163] So in der Tat die allerdings vereinzelt gebliebene Ansicht des früheren WDR-Juristen *Hillig*, MMR 2001, 34 (38 f. sub Gliederungspunkt IV 1. und 3.).

2. Werknutzung als Maßstab für den Begriff des „Sendenden“ im Sinne des Urheberrechtsgesetzes

Wie der BGH in einer neueren Entscheidung klargestellt hat, sind die vom Kabelweitersenderecht erfassten Verwertungshandlungen Vorgänge der Werknutzung[164]. Wann das Werk durch Kabelfunk genutzt wird, richtet sich aber nicht nach der bloßen Weiterleitung von programmtragenden Signalen. Senden im Sinne des § 20 UrhG ist nicht gleichbedeutend mit den technischen Vorgängen des Funks[165]. Vielmehr handelt es sich um einen sozialen Vorgang der selbständigen öffentlichen Wiedergabe, der sich bestimmter technischer Sendemittel bedient. Der Sendebegriff als urheberrechtlicher Nutzungsvorgang ist also wertend auszufüllen[166].

Dies muss folgerichtig auch für den Begriff des Sendenden gelten. Wer sendet, hängt nicht von der Mitwirkung am technischen Prozess der Verbreitung ab, sondern davon, wer sich die technischen Sendemittel zu Nutze macht, mit deren Hilfe die Sendungen der Öffentlichkeit mitgeteilt werden. Nicht die Weiterleitung der Signale über Terrestrik, Satellit oder Kabel als solche, sondern die Initiierung und Kontrolle des jeweiligen Nutzungsvorgangs bestimmen darüber, wer eine Sendung veranstaltet[167].

Wer konkret die Verantwortung für die (Kabelweiter-) Sendung trägt, ist dabei im Einzelfall anhand einer wertenden Analyse der rechtlichen und wirtschaftli-

---

[164] BGHZ 123, 149 (153 f.) – Verteileranlagen.

[165] BGHZ 123, 149 (153 f.) – Verteileranlagen, *v. Ungern-Sternberg*, in: Schricker, UrhG, 2. Aufl. 1999, § 20 Rn. 35.

[166] BGHZ 123, 149 (153 f.) – Verteileranlagen; *v. Ungern-Sternberg*, in: Schricker, UrhG, 2. Aufl. 1999, § 20 Rn. 35; *ders.*, in: Schricker, UrhG, 2. Aufl. 1999, § 87 Rn. 16; vgl. auch *Dreier*, Kabelweiterleitung und Urheberrecht, S. 124 f.

[167] *V. Ungern-Sternberg*, in: Schricker, UrhG, 2. Aufl. 1999, § 20 b, Rn. 25 und § 20 Rn. 16; *ders.*, Die Rechte der Urheber an Rundfunk- und Drahtfunksendungen nach internationalem und deutschem Urheberrecht, 1973, S. 28, 75; *Dreier*, in: Dreier/Schulze, UrhG, 2004, § 20 Rn. 11; *Schricker*, Urheberrechtliche Probleme des Kabelrundfunks, 1986, S. 23 ff.; *Platho*, Urheberrechtsprobleme der Weitersendung von Sendungen in Kabelnetzen, 1984, S. 68 ff.; *Lutz*, ZUM 1998, 622 (623); *Gounalakis/Mand*, Kabelweiterleitung und urheberrechtliche Vergütung, 2003, S. 36 ff. Ähnlich auch der OÖGH v. 13.11.2001, ZUM-RD 2002, 393 (396) – Kabelweitersendung, der als bewilligungspflichtiges Rundfunkunternehmen im Sinne der §§ 59 a öster UrhG, 17 Abs. 2 öster UrhG jeden ansieht, „der programmtragende Signale *auf Grund eigener Entscheidung (vgl. v. Ungern-Sternberg, aaO [scil. in Schricker, Urheberrecht, 2. Aufl. 1999], § 20 Rn.* 16) durch Einspeisung in Kabelanlagen weiterüberträgt“. Hervorhebung v. Verf.

chen Rahmenbedingungen der Kabelweitersendung zu ermitteln. Da der Sendende die notwendigen Nutzungsrechte an der Weitersendung zu erwerben hat, kommt es primär auf die Werkverwertung an. Die Verantwortung und Kontrolle des Sendevorgangs liegt also bei demjenigen, der die Kabelweitersendung initiiert, über die weiterzusendenden Programme eigenverantwortlich entscheidet und die urheberrechtlich geschützten Inhalte durch die Weiterleitung vermarktet[168]. Dies kann der Kabelbetreiber sein. Denkbar erscheint aber auch, dass der Kabelbetreiber lediglich technische Hilfe bei der Vermarktung der Kabelsendungen durch die Sendeunternehmen leistet. In einem solchen Fall ist der Kabelbetreiber – auch wenn er die Einspeiseanlagen betreibt und das Kabelnetz betreut[169] – nicht selbst Sendender. Urheberrechtlich für die Kabelweitersendung verantwortlich ist vielmehr in erster Linie das Sendeunternehmen. Der Kabelbetreiber haftet allenfalls bei unerlaubter Weitersendung als Teilnehmer an fremden Urheberrechtsverletzungen.

3. Satelliten- und Kabelrichtlinie der EU

Ein derartiges Verständnis des in urheberrechtlicher Hinsicht Sendenden korreliert letztlich auch mit den Kriterien für die Verantwortlichkeit bei Sendevorgängen nach der Satelliten- und Kabelrichtlinie der EU. Wenig ergiebig ist die Richtlinie für diese Frage allerdings in ihrem die Kabelweiterleitung von Rundfunkprogrammen betreffenden Teil. Die Definition der Kabelweiterverbreitung in Art. 1 Abs. 3 der Richtlinie beschreibt lediglich den Nutzungsvorgang, sagt aber nichts darüber, wer unter welchen Bedingungen die Nutzungshandlung zu verantworten hat. Auch die inhaltlichen Vorgaben gemäß Art. 8 ff. Satelliten- und Kabelrichtlinie regeln nur die Ausübung des Weiterverbreitungsrechts. Ihr

---

[168] *V. Ungern-Sternberg*, in: Schricker, UrhG, 2. Aufl. 1999, § 20 b, Rn. 25 und § 20 Rn. 16; *Gounalakis/Mand*, Kabelweiterleitung und urheberrechtliche Vergütung, 2003, S. 36 ff.

[169] Zu eng *Dreier*, Kabelweiterleitung und Urheberrecht, 1991, S. 117 f., der den Kabelbetreiber unter Hinweis auf die vergleichbare Situation bei der terrestrischen Ausstrahlung offenbar nur dann nicht selbst als Sendenden ansehen will, wenn er sein Kabelnetz an die Sendeunternehmen vermietet. Dabei wird allerdings verkannt, dass auch die terrestrischen Funkanlagen regelmäßig nicht „vermietet", sondern weiterhin von den Fernmeldeunternehmen betrieben werden. Entscheidend ist allein, ob die Ausstrahlung eigenverantwortlich oder – etwa aufgrund von Werk- oder Dienstverträgen – fremdnützig für die Sendeunternehmen erfolgt. So auch *v. Ungern-Sternberg*, in: Schricker, UrhG, 2. Aufl. 1999, § 20 Rn. 16; *Gounalakis/Mand*, Kabelweiterleitung und urheberrechtliche Vergütung, 2003, S. 36 f. je m.w.N.

Ziel ist es, den Rechtserwerb zur integrierten Weiterleitung grenzüberschreitender Sendungen in Kabelnetzen zu erleichtern. Insoweit liefern die betreffenden Vorschriften keine Anhaltspunkte für die Bestimmung des urheberrechtlich für den Sendevorgang Verantwortlichen, der für etwaige Vergütungsansprüche der Urheber und Leistungsschutzberechtigten einzustehen hat. Hinzu kommt, dass sich grenzüberschreitende Kabelsendevorgänge diesbezüglich von inländischen Sendevorgängen deutlich unterscheiden und daher gesondert zu betrachten sind[170].

Explizite Aussagen zum Begriff des Sendenden bzw. zur urheberrechtlichen Verantwortlichkeit für Sendevorgänge finden sich in der Richtlinie jedoch in Bezug auf europäische Satellitensendungen. Gemäß Art. 1 Abs. 2 a Kabel- und Satellitenrichtlinie, der durch § 20 a Abs. 3 UrhG in nationales Recht umsetzt wurde, führt nicht etwa der Betreiber des Satelliten oder der Erdfunkstation, sondern derjenige eine Satellitensendung aus, der den Sendevorgang zum Satelliten und zurück zur Erde kontrolliert und verantwortet. Dies lässt sich sinngemäß auf andere Übertragungstechniken übertragen[171]: Verantwortlich für den Sendevorgang ist allgemein nicht derjenige, der die technischen Übermittlungsleistungen anbietet, sondern derjenige, der die Nutzung dieser Mittel kontrolliert und verantwortet.

4. Konventionsrecht

Es fragt sich allerdings, ob eine solche Bestimmung der urheberrechtlichen Verantwortlichkeit für die Kabelweitersendung, nach der der Kabelbetreiber unter Umständen nicht selbst als Sendender im Sinne des § 20 UrhG zu qualifizieren ist, mit den Vorgaben der internationalen Abkommen im Einklang steht. Vor allem das Weitersenderecht gemäß Art. 11 bis Abs.1 Nr. 2 RBÜ und das Recht der öffentlichen Wiedergabe in Art. 8 WCT könnten insoweit der genannten Auslegung des Begriffs „Sendender" bei Kabelsendevorgängen entgegenstehen.

---

170 Ausführlich *Gounalakis/Mand*, Kabelweiterleitung und urheberrechtliche Vergütung, 2003, S. 81 f.

171 *V. Ungern-Sternberg*, in: Schricker, UrhG, 2. Aufl. 1999, § 20 Rn. 16; *Dreier*, in: Dreier/Schulze, UrhG, 2004, § 20 Rn. 11; *Gounalakis/Mand*, Kabelweiterleitung und urheberrechtliche Vergütung, 2003, S. 36 ff. Vgl. auch OÖGH v. 13.11.2001, ZUM-RD 2002, 393 (396) – Kabelweitersendung.

a) Mindestrecht aus Art. 11 bis Abs. 1 Nr. 2 RBÜ

Die in den Mindestrechten der RBÜ gewährleisteten Verwertungsrechte knüpfen wie die §§ 15 ff. UrhG nicht unmittelbar an den Werkgenuss des Konsumenten an, sondern beziehen sich stets auf Vorgänge der Werkvermittlung. Findet die Werkvermittlung mit Hilfe technischer Mittel statt, könnte man daher auch im Rahmen der RBÜ verleitet sein, den technischen Betrieb dieser Mittel zum Schutzgegenstand des jeweiligen Verwertungsrechts zu erheben. Dies gilt insbesondere für das Kabelweitersenderecht des Art. 11 bis Abs. 1 Nr. 2 RBÜ. Die Vorschrift setzt bereits tatbestandlich die Weitersendung von Programmen durch ein anderes Unternehmen als das ursprüngliche Sendeunternehmen voraus. Es könnte deshalb erwogen werden, jede technische Durchleitung urheberrechtlich geschützter Programme an die Öffentlichkeit durch Dritte ohne weiteres als Eingriff in Art. 11 bis Abs. 1 Nr. 2 RBÜ zu werten.

Dabei überginge man indes die in der Regelung getroffene Unterscheidung zwischen der öffentlichen Wiedergabe einerseits und dem Mittel der Wiedergabe („...mit oder ohne Draht...") andererseits. Der technische Weiterleitungsvorgang fällt für sich genommen also noch nicht unter das Kabelweitersenderecht der RBÜ. Der im Einzelfall zu bestimmende Schutz beginnt erst dort, wo die technische Weiterleitung auch als öffentliche Wiedergabe qualifiziert werden kann.

Die öffentliche Wiedergabe ist als solche technikneutral und erfasst sämtliche Formen unkörperlicher Werknutzungen[172]. Das dem Urheber in Art. 11 bis RBÜ gewährte ausschließliche Recht der öffentlichen Wiedergabe mittels Drahtfunk ist demnach nicht anders als das Senderecht gemäß § 20 UrhG als sozialer Vorgang der Werknutzung zu begreifen. Wie die sonstigen in der RBÜ enthaltenen Mindestrechte erfüllt es die Aufgabe, den Urheber an der wirtschaftlichen Verwertung seiner Werke angemessen zu beteiligen.[173] Unter das Weitersenderecht können folglich auch nur solche Handlungen fallen, welche die speziellen Ergebnisse des persönlichen geistigen Schaffens des Urhebers wirtschaftlich verwerten. Die reine technische Transportdienstleistung gehört hierzu nicht. Das Programm wird in derartigen Fällen ausschließlich von demjenigen genutzt, der sich des Transportvorgangs als Mittel zur öffentlichen Wiedergabe der Pro-

---

[172] Vgl. *Rehbinder*, Urheberrecht, 13. Aufl. 2004, Rn. 191, 214 ff.

[173] Vgl. BGH GRUR 1999, S. 707 (712) – Kopienversanddienst. Der Beteiligungsgrundsatz ist in Art. 9 Abs. 2 RBÜ auch ausdrücklich positiviert worden.

gramminhalte bedient[174]. Daher sind als andere Unternehmen im Sinne von Art. 11 bis Abs. 1 Nr. 2 RBÜ auch nur solche Unternehmen zu qualifizieren, die unabhängig von der konkreten technischen Realisierung über die Weiterleitung der konkreten geschützten Programme entscheiden und die unter dem Schutz des Urheberrechts stehenden Programminhalte durch den Übertragungsvorgang wirtschaftlich verwerten.

Gegen eine auf die technische Weiterleitung der Signale abstellende Auslegung des Verwertungsrechts spricht darüber hinaus auch die Entstehungsgeschichte des Art. 11 bis Abs. 1 Nr. 2 RBÜ. Die Vorschrift wurde bereits im Rahmen der Brüsseler Konferenz 1948 in die Übereinkunft aufgenommen. Die Einführung eines auf Weitersendevorgänge durch Drittunternehmen beschränkten Weitersendungsrechts beruhte damals vor allem auf zwei Erwägungen: Einerseits sollte den Sendeunternehmen innerhalb ihres Sendegebiets ein möglichst umfassendes Senderecht gewährt werden, das sich auch auf die Kabelweitersendung erstreckt[175]. Andererseits nahm man an, die selbständige Weiterleitung der Programme durch ein vom Sendeunternehmen verschiedenes Kabelunternehmen führe zu einer zusätzlichen, gegenüber den Aktivitäten der Sendeunternehmen deutlich weiterreichenden Werkverwertung[176]. Leitbild für die Einführung des selbständigen Kabelweitersenderechts der RBÜ war also nicht die rein technische Weiterleitung der Signale für die Sendeunternehmen durch ein Telekommunikationsunternehmen, sondern die Vorstellung eines die Programminhalte auf eigene Initiative und in eigener Verantwortung nutzenden Kabelunternehmens. Die Entstehungsgeschichte untermauert mithin das dargelegte Verständnis des Kabelweitersenderechts. Als sozialer Vorgang der Werkverwertung ist nicht der technische Verbreitungsvorgang an sich, sondern die damit bewirkte Nutzung der geschützten Programminhalte entscheidend. Unternehmen, die reine Übermittlungsleistungen erbringen, ohne Werknutzer zu sein, greifen also nicht selbst in das Kabelweitersenderecht aus Art. 11 bis Abs. 1 Nr. 2 RBÜ ein.

---

174 *Dreier*, Kabelweiterleitung und Urheberrecht, 1991, S. 57; *Schwertfeger*, Kabelfernsehen und Urheberschutz, S. 170 f.; *v. Ungern-Sternberg*, Die Rechte der Urheber an Rundfunk- und Drahtfunksendungen nach internationalem und deutschem Urheberrecht, S. 28.

175 Vgl. dazu *Dreier*, Kabelweiterleitung und Urheberrecht, 1991, S. 57 f. Die Kabelweiterleitung als technisches Medium zur Verbreitung von Rundfunk spielte aus Sicht der Sendeunternehmen anders als heute allerdings nur eine sehr untergeordnete Rolle.

176 *V. Ungern-Sternberg*, Die Rechte der Urheber an Rundfunk- und Drahtfunksendungen nach internationalem und deutschem Urheberrecht, S. 63.

b) Mindestrecht aus Art. 8 WCT

Diese Auslegung der RBÜ stimmt mit dem gängigen Verständnis des Art. 8 WCT überein. Das dort normierte Recht der öffentlichen Wiedergabe erfasst rein technische und urheberrechtlich uneigennützige Transportdienstleistungen als solche ebenfalls nicht. Von wesentlicher Bedeutung ist, dass diese Auffassung im ausdrücklich erklärten Willen der Vertragsparteien und in den Erwägungsgründen der zur Umsetzung des WCT erlassenen Info-Richtlinie der EU ihren Niederschlag gefunden hat. So hat die diplomatische Konferenz der WIPO eine gemeinsame Erklärung zu Art. 8 WCT angenommen, die den Inhalt des Rechts der öffentlichen Wiedergabe näher konkretisiert. Der gemäß Art. 24 Abs. 1 WCT in englischer Sprache verbindliche Wortlaut der Erklärung, der in Erwägungsgrund 27 der Info-Richtlinie vollständig übernommen wurde, lautet:

„*It is understood that the mere provision of physical facilities for enabling or making a communication does not itself amount to communication within the meaning of the Treaty or the Berne Convention.*"

Diese Erklärung wurde ohne Verbindlichkeit für die Auslegung in Streitfällen wie folgt ins Deutsche übersetzt:

„*Die Bereitstellung der materiellen Voraussetzungen, die eine Wiedergabe ermöglichen oder bewirken, stellt für sich genommen keine Wiedergabe im Sinne dieses Vertrags oder der Berner Übereinkunft dar.*"

Nach ganz herrschendem Verständnis soll hiermit klargestellt werden, dass die bloße Versorgung Dritter mit Kommunikationsverbindungen, Speicherkapazitäten oder vervielfältigten Werkexemplaren generell keine öffentliche Wiedergabe im Sinne des Art. 8 WCT darstellt[177]. Zur Verabschiedung dieser Erklärung sah man sich insbesondere wegen des neu geschaffenen Rechts der Online-Zurverfügungstellung veranlasst. Übertragungshandlungen durch Service- oder Accessprovider im Online-Bereich sollten nicht dem Schutzbereich des Wieder-

[177] Vgl. Denkschrift des Bundesministeriums der Justiz zum WIPO-Urheberrechtsvertrag, abgedruckt in *Mestmäcker/Schulze*, Urheberrechtskommentar, Band 3, Neuwied, Kriftel 2001, Anhang B 44 b, S. 10; *Bullinger*, in: Bullinger/Wandtke, Praxiskommentar zur Urheberrecht, Ergänzungsband, München 2003, § 19 a, Rn. 28; Nimmer, A Tale of Two Treaties, Columbia -VLA Journal of Law & the Arts 1997, S. 1 (14); *Macmillan/Blakeney*, The Internet and Communications Carrier's Copyright Liability, EIPR 1998, S. 52 (55); *dies.*, Bringing Australian Copyright Law into the Global Age, Murdoch University Electronic Journal Of Law, Volume 5 Number 1 (March 1998), Rn. 17 (abrufbar auf www.murdoch.edu.au).

gaberechts unterliegen[178]. Der Anwendungsbereich der gemeinsamen Erklärung ist aber nicht auf Online-Sachverhalte beschränkt, sondern erstreckt sich in einem umfassenden Sinne ganz allgemein auf das Recht der öffentlichen Wiedergabe[179]. Daher gilt die Konkretisierung des Wiedergaberechts durch die Zusatzerklärung auch für andere Übertragungshandlungen. Insbesondere geben Kabelunternehmen, die lediglich Rundfunkprogramme für andere durch ihre Netze leiten und insoweit eine den Service- und Accessprovidern im Online-Bereich entsprechende Funktion wahrnehmen, die Programme nicht selbst öffentlich wieder. Der Schutz des Rechts der öffentlichen Wiedergabe setzt erst dort ein, wo auf Seiten des Providers bzw. des Kabelunternehmens nicht nur fremde Inhalte transportiert, sondern urheberrechtlich geschützte Werke selbständig verwertet werden. Dies gilt ausweislich der gemeinsamen Erklärung sowohl für das Recht der öffentlichen Wiedergabe nach Art. 8 WCT als auch für jede geschützte Wiedergabeform nach der RBÜ. Der Ausschluss reiner Übermittlungsleistungen durch die vereinbarte Zusatzerklärung schließt also explizit das Recht der öffentlichen Wiedergabe mittels Drahtfunks gemäß Art. 11 bis Abs. 1 Nr. 2 RBÜ ein.

Das beschriebene Verständnis der gemeinsamen Erklärung ist jedoch nicht ganz unbestritten. Nach *v. Lewinski*[180] soll die gemeinsame Erklärung lediglich klarstellen, dass die *reine Lieferung von Anlagen oder Geräten*, die der Wiedergabe dienen sollen, selbst keine Wiedergabe im Sinne des WCT und der RBÜ darstellt. So greife etwa die Lieferung von Kabelanlagen, die zur öffentlichen Wiedergabe genutzt werden können, noch nicht in das Ausschließlichkeitsrecht der Urheber ein. Dagegen beziehe sich die gemeinsame Erklärung generell nicht auf den Betrieb dieser Anlagen. Zur Begründung wird insbesondere auf die Entstehungsgeschichte der Norm verwiesen. Die Vertragsparteien hätten sich nicht darauf einigen können, eine weitergehende Erklärung anzunehmen, in der eine generelle Haftungsfreistellung für Telekommunikationsunternehmen in Bezug auf das Wiedergaberecht explizit vorgesehen war. Es sei deshalb nur die Lieferung von Anlagen oder Geräten an sich, nicht aber die Erbringung von Übertra-

---

[178] *Bullinger*, in: Bullinger/Wandtke, Praxiskommentar zum Urheberrecht, Ergänzungsband, § 19 a, Rn. 28; *Macmillan/Blakeney*, Bringing Australian Copyright Law into the Global Age, a.a.O., Rn. 17.

[179] *V. Lewinski*, GRUR 1997, S. 667 (675).

[180] Vgl. *v. Lewinski*, GRUR 1997, S. 667 (675).

gungsdienstleistungen mit Hilfe dieser Anlagen vom Anwendungsbereich der Erklärung erfasst.

Diese Argumentation überzeugt indessen nicht. Sie vermischt in unzulässiger Weise Fragen der Veranlasserhaftung von Telekommunikationsunternehmen für fremde Werknutzungen mit der Frage nach dem Inhalt des verletzten Verwertungsrechts und steht in Widerspruch zu Wortlaut sowie Sinn und Zweck der Regelung.

aa) Wortlaut der gemeinsamen Erklärung zu Art. 8 WCT

Als von Art. 8 WCT nicht zu erfassendem Vorgang spricht die gemeinsame Erklärung zu Art. 8 WCT im englischen Originaltext von „provision of physical facilities for enabling or making a communication". Der Begriff „provide" kann im hier interessierenden Kontext etwa mit „liefern" über „beschaffen" bis hin zu „bereitstellen" in die deutsche Sprache übersetzt werden. Seine Wortbedeutung erschöpft sich jedenfalls nicht in der Lieferung. Dies zeigt auch die amtliche deutsche Übersetzung der Erklärung, die von einer „Bereitstellung" spricht. Entscheidend ist insoweit aber weniger, welchen der genannten Begriffe man im Sinne von „provision" verwendet, sondern welche Tätigkeiten durch welche Personen von ihm erfasst werden sollen.

Denkbar erscheint es zunächst, die Erklärung nur auf Tätigkeiten zu beziehen, die von Personen außerhalb des Organisationsbereiches der Telekommunikationsunternehmen erbracht werden. In diesem Fall kämen in der Tat hauptsächlich Lieferungen von Telekommunikationsanlagen in Betracht. Allerdings spricht der Zusatz „in itself" dafür, auch Bereitstellungsvorgänge von Kommunikationsunternehmen selbst als „provision" zu verstehen. Dieser Zusatz ergibt nämlich nur dann einen Sinn, wenn die Abläufe der „provision" in einem engen Zusammenhang mit der öffentlichen Zugänglichmachung stehen. Insoweit übernimmt der Zusatz „in itself" eine Aussonderungsfunktion. Die Lieferung von Anlagen durch Dritte zählt aber nicht zu den Vorgängen, die bei der öffentlichen Wiedergabe typischerweise ablaufen. Bei der Lieferung von Anlagen handelt es sich um einen abgeschlossenen Sachverhalt, der keiner besonderen Abgrenzung bedarf. Folglich müssen es gerade die Telekommunikationsunternehmen selbst sein, die den Bezugspunkt für den Begriff „provision" darstellen. Dagegen lässt sich auch nicht einwenden, dass der Wortlaut explizit nur auf die „physical facilities" abstellt. Denn erst dieses Merkmal macht deutlich, dass allein dasjenige Übertragungsunternehmen keine öffentliche Wiedergabe vornimmt, das keine eigene Beziehung zu den geschützten und weitergeleiteten *Immaterialgütern* aufweist.

bb) Entstehungsgeschichte und Systematik der gemeinsamen Erklärung zu Art. 8 WCT

Eine abweichende Auslegung könnte allenfalls dann gerechtfertigt werden, wenn das dargelegte Wortlautverständnis der gemeinsamen Erklärung dem historischen Willen der Vertragsparteien widerspricht. Hiervon geht insbesondere v. *Lewinski*[181] aus. Die Vertragsparteien hätten nach langer Diskussion keine Einigung über den von einigen Vertragsstaaten vorgeschlagenen umfassenden Haftungsausschluss für Telekommunikationsunternehmen erzielt. Daher könne die letztlich angenommene Erklärung auch nicht die Einstandspflicht für die Erbringung von Telekommunikationsdienstleistungen ausschließen. Ihr Regelungsgehalt beschränke sich vielmehr auf die der technischen Übermittlungsleistung vorgelagerten Tätigkeiten, etwa die Belieferung mit Telekommunikationsanlangen und Geräten.

Diese Argumentation verfängt im Ergebnis jedoch nicht. Richtig ist, dass die gemeinsame Erklärung aufgrund der Entstehungsgeschichte nicht im Sinne eines umfassenden Haftungsausschlusses für Telekommunikationsunternehmen gedeutet werden kann. Eine solche Beutung kommt der Erklärung jedoch auch dann nicht zu, wenn man unter den Begriff *„provision of physical facilities (...) in itself"* über die Lieferung der „hardware" hinaus auch die Erbringung der reinen Transportleistung fasst. Denn die gemeinsame Erklärung konkretisiert in ihrer letztlich angenommenen Version nur den Inhalt des Rechts der öffentlichen Wiedergabe. Dagegen handelt es sich, wie auch die systematische Stellung im Regelungskreis der Verwertungsrechte zeigt, nicht um eine direkte Haftungsregelung.

So können Telekommunikationsunternehmen – auch wenn sie sich auf den reinen Transport der programmtragenden Signale beschränken und daher nach dem

---

[181] Vgl. *v. Lewinsky*, GRUR 1997, S. 667 (675).

hier befürworteten Verständnis der Zusatzerklärung nicht selbst senden – unbeschadet der gemeinsamen Erklärung durchaus als Beteiligte an fremden Urheberrechtsverletzungen in Anspruch genommen werden[182]. Zu denken ist etwa an Fälle, in denen das Unternehmen im Auftrag Dritter wissentlich oder fahrlässig urheberrechtsverletzende Inhalte transportiert[183]. Diese Haftung ist eine Frage der adäquaten Verursachung. Sie bleibt von der den Inhalt des Verwertungsrechts konkretisierenden gemeinsamen Erklärung unberührt[184].

Schließt aber auch die hier befürwortete Auslegung der gemeinsamen Erklärung die Haftung von Telekommunikationsunternehmen nicht per se aus, kann die Entstehungsgeschichte entgegen *v. Lewinski* nicht angeführt werden, um eine auf die Lieferung technischer Geräte beschränkte Anwendbarkeit zu begründen. Vielmehr vermischt eine solche Schlussfolgerung in unzulässiger Weise Fragen des Eingriffs in Verwertungsrechte mit der nach haftungsrechtlichen Grundsätzen zu beurteilenden Zurechnung dieser Verletzungen.

Darüber hinaus legt gerade der technisch-begriffliche Kontext der Zusatzerklärung zu Art. 8 WCT das hier befürwortete gegenteilige Verständnis nahe: Die Vertragsparteien haben sich vor allem deshalb auf die Zusatzerklärung verständigt, um das auf das Internet bezogene Recht der öffentlichen Zugänglichmachung zu konkretisieren. Die gemeinsame Erklärung ist insoweit auf Telekommunikationsdienstleister auf dem Gebiet des Internets zugeschnitten. Diese werden je nach ihrer Funktion allgemein als Access-, Service- oder Contentprovider bezeichnet. Unter einer „provision of physical facilities for enabling or making a communication" ist nach dem Willen der Vertragsparteien also vor allem jene Tätigkeit zu verstehen, die auf dem Gebiet der Internetkommunikation gemeinhin den Access- und Serviceprovidern zukommt.[185] Entsprechend müssen auch

---

[182] Vgl. oben Teil 2 D I.

[183] Vgl. *Schricker*, Urheberrechtliche Probleme des Kabelrundfunks, Baden-Baden 1986, S. 24 f.

[184] Vgl. *Macmillan/Blakeney*, Bringing Australian Copyright Law into the Global Age, a.a.O., Rn. 17; *Pleister*, Anmerkung zu High Court of Australia, GRUR Int. 1999, S. 615 (622) – Music on hold II. Im Übrigen sind Telekommunikationsunternehmen in jedem Fall auch dann urheberrechtlich verantwortlich, wenn sie die geschützten Inhalte nicht nur transportieren, sondern selbst nutzen.

[185] So im Ergebnis auch *Bullinger*, in: Bullinger/Wandtke, Praxiskommentar zum Urheberrecht, Ergänzungsband, § 19 a, Rn. 28; *Macmillan/Blakeney*, Bringing Australian Copyright Law into the Global Age, a.a.O., Rn. 17; vgl. auch Denkschrift des Bundesministeriums der Justiz zum WIPO-Urheberrechtsvertrag, a.a.O., S. 10.

Kabelbetreiber, soweit sie sich funktional vergleichbar auf reine Übermittlungsdienste beschränken, von der Bestimmung erfasst sein.

cc) Sinn und Zweck der gemeinsamen Erklärung zu Art. 8 WCT

Die Ansicht, nur die Lieferung von Anlagen und Gerätschaften an Telekommunikationsunternehmen sei vom Regelungsgehalt der gemeinsamen Erklärung zu Art. 8 WCT erfasst, führt schließlich auch zu einem sinnwidrigen Ergebnis. Denn die dem WCT beigefügten Erklärungen sind Auslegungshilfen, die das Recht der öffentlichen Wiedergabe und die in ihm enthaltenen Werknutzungshandlungen näher bestimmen sollen.[186] Ein Bedürfnis hierfür besteht nur dort, wo sich bei der Auslegung Zweifelsfragen ergeben können. Selbstverständlichkeiten erfordern keine eigene Erwähnung, sie lassen sich unmittelbar dem Vertragstext entnehmen.

Wollte man tatsächlich die Lieferung von Waren als Zweifelsfrage des Art. 8 WCT in einer gemeinsamen Erklärung klargestellt wissen, so zeugte dies von einem tiefgreifenden Fehlverständnis der Delegierten von der systematischen Ordnung der urheberrechtlichen Verwertungsrechte. So mutet es doch einigermaßen befremdlich an, die Lieferung körperlicher Gegenstände mit dem Inhalt des Rechts der öffentlichen Wiedergabe als umfassendem Recht aller unkörperlichen Werkverwertungsformen in Verbindung bringen zu wollen. Eine das Wiedergaberecht inhaltlich konkretisierende Funktion kommt der gemeinsamen Erklärung sinnvoll nur für den Fall der rein technischen und urheberrechtlich uneigennützigen Übertragungsdienstleistung zu.

Nach allem unterfallen rein technische Übermittlungsleistungen aufgrund der ausdrücklichen Zusatzerklärung zu Art. 8 WCT nicht dem Recht der öffentlichen Wiedergabe nach Art. 8 WCT oder der RBÜ. Eine solche technische Dienstleistung kann auch in der Weiterleitung von Rundfunksendungen über das Kabelnetz liegen. Dies ist der Fall, wenn die Rundfunksignale vom Kabelbetreiber lediglich technisch für Dritte, namentlich für die Sendeunternehmen, weitergeleitet werden. Der Schutz des Rechts der öffentlichen Wiedergabe in den internationalen Verträgen und Übereinkommen setzt erst dort ein, wo auf Seiten

[186] Denkschrift des Bundesministeriums der Justiz zum WIPO Urheberrechtsvertrag, a.a.O., S. 3.

des Kabelunternehmens nicht nur Programme für andere transportiert, sondern Inhalte eigenverantwortlich übertragen und selbständig wirtschaftlich verwertet werden. Dann wandelt sich der Kabelbetreiber gleichsam vom reinen Access- und Serviceprovider zum Contentprovider. Letztlich deckt sich das Verständnis des Konventionsrechts so mit der bereits zum deutschen Urheberrecht gefundenen wertenden Betrachtung der Verantwortlichkeit für die Kabelweitersendung.

5. Fazit

Das Recht der Kabelweitersendung gemäß §§ 20, 20 b UrhG und die einschlägigen Mindestrechte der internationalen Abkommen gemäß Art. 11 bis Abs. 1 Nr. 2 RBÜ, Art. 8 WCT knüpfen zwar an den technischen Prozess der Weiterleitung von Programmsignalen über das Kabelnetz an. Die relevante Verwertungshandlung ist aber nicht in der technischen Weiterleitung als solche zu sehen. Die Kabelweitersendung stellt wie jede andere Funksendung einen sozialen Vorgang der Werknutzung dar, der sich lediglich des Transportmediums Kabel bedient. Dementsprechend sendet nicht derjenige, der die technischen Mittel für den Signaltransport unterhält und betreibt, sondern derjenige, der diese Mittel für die Vermarktung der Programminhalte einsetzt. Als Sendender für den Verwertungsvorgang urheberrechtlich verantwortlich ist also, wer als Initiator der Kabelweitersendung über die auszustrahlenden Programme entscheidet und diese mit der Ausstrahlung verwertet.

Für andere Funksendungen sind diese Kriterien seit langem anerkannt. Vielfach gelangt man so zu einer von dem technischen Verbreitungsvorgang abweichenden Bestimmung der urheberrechtlichen Verantwortlichkeit. So sendet im Falle von Satellitensendungen im Normalfall nicht die Erdfunkstation bzw. der Satellitenbetreiber, sondern das Sendeunternehmen. Denn dieses gibt üblicherweise die Verbreitung der Sendung über Satellit in Auftrag. Dementsprechend geht der Gesetzgeber in § 20 a Abs. 3 UrhG im Einklang mit der Satelliten- und Kabelrichtlinie auch von einer grundsätzlichen Verantwortung der Sendeunternehmen für Satellitensendungen aus[187].

[187] Nur im Sonderfall des § 20 a Abs. 2 Nr. 1 UrhG kann das Senderecht nach § 20 a Abs. 2 S. 2 UrhG zumindest auch gegenüber dem Betreiber der Erdfunkstation geltend gemacht werden, um eine einfache Rechtsdurchsetzung innerhalb der EU zu ermöglichen. Näher dazu *Nordemann*, in: Fromm/Nordemann, UrhR, 9. Aufl. 1998, § 20 a Rn. 3.

Auch bei der terrestrischen Ausstrahlung sendet zumeist nicht das Unternehmen, das die Signale technisch verbreitet. Vielmehr machen sich in aller Regel die Sendeunternehmen die Übertragungsanlagen fremder Fernmeldeunternehmen zunutze, um das Werk der Öffentlichkeit mitzuteilen[188]. *V. Ungern-Sternberg* hat das sehr plastisch formuliert: Die Deutsche Bundespost habe als Fernmeldeunternehmen mit der Nutzung der von ihr im Auftrag einiger öffentlich-rechtlicher Rundfunkanstalten ausgestrahlten geschützten Werke genauso wenig zu tun wie mit dem Inhalt der von ihr transportierten Briefe[189].

Warum demgegenüber generell der Kabelbetreiber für die Weitersendung einstehen soll, wenn die Sendungen nicht über Satellit oder über terrestrische Funkanlagen ausgestrahlt, sondern über Kabelnetz weitergeleitet werden, im übrigen aber die vertraglichen und tatsächlichen Bedingungen der Programmverbreitung weitgehend identisch sind, leuchtet nicht ein[190]: Wird der Inhalt nicht von den Kabelbetreibern selbst genutzt, sondern nur für die Sendeunternehmen transportiert, veranstaltet auch hier nicht der Kabelbetreiber, sondern das Sendeunternehmen die Kabelweitersendung[191].

Jedes andere Ergebnis führte zu einer nicht gerechtfertigten Diskriminierung des Verbreitungsmediums Kabel und widerspräche damit den Grundanforderungen einer in sich konsistenten Medienordnung. Im Zeitalter der zunehmenden technischen Konvergenz verliert die Abgrenzung der verschiedenen Übertragungswege ihre Trennschärfe. Die Übertragungswege Terrestrik, Kabel und Satellit werden kompatibel, also untereinander anschlussfähig. Viele bisher streng getrennte Dienste können über dasselbe Gerät empfangen werden[192]. Eine Rechtsordnung, die zwischen den verschiedenen Übertragungswegen differenziert,

---

[188] *V. Ungern-Sternberg*, in: Schricker, UrhG, 2. Aufl. 1999, § 20 Rn. 16 und § 87 Rn. 16; *Dreier*, in: Dreier/Schulze, UrhG, 2004, § 20 Rn. 11; *Hillig*, in: Möhring/Nicolini, UrhR, 2. Aufl. 2000, § 87 Rn. 2a; ebenso für das Rom-Abkommen *Kaminstein*, UFITA 40 (1963), 99 (108); *Dittrich*, in: FS für Frotz, S. 715 (716 ff.).

[189] *V. Ungern-Sternberg*, Die Rechte der Urheber an Rundfunk- und Drahtfunksendungen nach internationalem und deutschem Urheberrecht, 1973, S. 28.

[190] So auch *v. Ungern-Sternberg*, in: Schricker, UrhG, 2. Aufl. 1999, § 20 b Rn. 25, der hinsichtlich der Verantwortlichkeit für die Kabelweitersendung auf die allgemeinen Aussagen zum Senderecht in § 20 Rn. 16 verweist.

[191] *Gounalakis/Mand*, Kabelweiterleitung und urheberrechtliche Vergütung, 2003, S. 36 ff.

[192] Ausführlich zum Phänomen der Konvergenz *Gounalakis*, Konvergenz der Medien – Sollte das Recht der Medien harmonisiert werden?, in: Gutachten C, 64. DJT 2002, C 12 ff.

wird dieser Entwicklung nicht gerecht[193]. Im Telekommunikationsbereich gilt deshalb bereits heute ein technologieneutraler Regelungsansatz[194]. Für die künftige Rechtsordnung streben die EU und ihre Mitgliedstaaten insgesamt eine Gleichbehandlung aller Infrastrukturnetze und Telekommunikationsdienstleistungen unabhängig von den übermittelten Inhalten an[195]. Dies muss konsequenterweise auch für die urheberrechtliche Verantwortlichkeit gelten, sofern sich die Kabelbetreiber auf eine dem Telekommunikationsrecht unterfallende Transportleistung beschränken: Es kann prinzipiell keinen Unterschied machen, ob die Rundfunkunternehmen ein Fernmeldeunternehmen mit der Ausstrahlung terrestrischer Signale, einen Satellitenbetreiber mit der Ausstrahlung einer Satellitensendung oder einen Kabelbetreiber mit der Ausstrahlung des Programms über das Kabelnetz beauftragen. Übernimmt das Übertragungsunternehmen lediglich eine technische Übermittlungsfunktion, greift es nicht selbst in das Senderecht der Urheber ein. Dem entspricht es, wenn die gemeinsame Erklärung zu Art. 8 WCT klarstellt, dass die Erbringung technischer Übertragungsleistungen als solche allgemein keine öffentliche Wiedergabe darstellt. In das Recht der öffentlichen Wiedergabe wird erst dann eingegriffen, wenn jenseits der technischen Übermittlung die geschützten Inhalte verwertet werden.

Im Gegensatz zur terrestrischen Programmausstrahlung und der Satellitensendung, die regelmäßig von den Sendeunternehmen und nicht vom Satellitenbetreiber oder der Erdfunkstation kontrolliert wird[196], lässt sich im Bereich der Kabelweitersendung allerdings nicht ohne weiteres bestimmen, ob sich der Ka-

---

193 *Gounalakis*, Konvergenz der Medien – Sollte das Recht der Medien harmonisiert werden?, in: Gutachten C, 64. DJT 2002, C 66.

194 Einen Überblick über die zahlreichen Harmonisierungsrichtlinien der EU gibt *Kibele*, Multimedia im Fernsehen, 2001, S. 199 ff., insbes. 211 ff. Zur Entwicklung des deutschen Telekommunikationsrechts auf der Grundlage der Harmonisierungsrichtlinien *Holznagel/Enaux/Nienhaus*, Grundzüge des Telekommunikationsrechts, 2001, S. 7 ff. und *Schwintovski*, CR 1997, 630 ff.

195 Vgl. insbes. Grünbuch der EU-Kommission zur Konvergenz der Branchen Telekommunikation, Medien und Informationstechnologie und ihren ordnungspolitischen Auswirkungen vom 3.12.1997, KOM (97) 623 endg. und die Zusammenfassung der Ergebnisse der öffentlichen Konsultationen zum Grünbuch v. 29.7.1998, SEC (98) 1284. Ebenso die Mehrheit der Stellungnahmen der Mitgliedstaaten zum Konvergenzgrünbuch der EU-Kommission, vgl. KOM (99) 108 v. 10.3.1999. Eine Zusammenstellung der Ergebnis findet sich bei *Hoffmann-Riem/Schulz/Held*, Konvergenz und Regulierung, 2000, S. 34 f.

196 Vgl. zur Hauptverantwortlichkeit der Sendeanstalten bei der Satellitensendung auch *Nordemann*, in: Fromm/Nordemann, 9. Aufl. 1998, § 20 a Rn. 3.

belbetreiber auf den technischen Transport der Programmsignale beschränkt oder ob er selbst die Programminhalte vermarktet und damit als Werknutzer die Kabelweitersendung verantwortet. Ursache hierfür ist die sehr unterschiedliche Stellung, die der Kabelbetreiber bei der Weiterleitung von Rundfunkprogrammen im Dreiecksverhältnis Sendeunternehmen – Kabelbetreiber – Endkunde einnehmen kann. Dies erfordert anders als bei terrestrischen und Satellitensendungen stets eine am Einzelfall orientierte Bewertung.

III. Transportmodell versus Vermarktungsmodell

Prinzipiell sind bei der Kabelweiterleitung von Rundfunkprogrammen in wirtschaftlicher Hinsicht zwei unterschiedliche Grundmodelle denkbar: Entweder kann der Kabelbetreiber im Verhältnis zu den Sendeunternehmen als Nachfrager von Inhalten oder als Anbieter einer Transportdienstleistung auftreten. Im ersten Fall spricht man von einem Vermarktungsmodell, da der Kabelbetreiber von den Sendeunternehmen die Programme erwirbt, um diese selbst über sein Kabelnetz zu vermarkten. Der zweite Fall wird allgemein als Transportmodell bezeichnet, da der Kabelbetreiber die Inhalte nicht selbst vermarktet, sondern lediglich seine Netzinfrastruktur zur Verfügung stellt, um für Dritte die Programmsignale einzuspeisen und weiterzuleiten[197].

Vermarktungs- und Transportmodell beschreiben somit verschiedenartige Geschäftsmodelle und Marktstellungen der Kabelbetreiber, die sich aus einer unterschiedlichen Beziehung zu den weitergeleiteten Programminhalten ergeben. Während der Kabelbetreiber im Transportmodell den Sendeunternehmen lediglich technische Hilfe bei der Verbreitung der Programme leistet, trägt er im Vermarktungsmodell selbst das Verwendungsrisiko der Programme[198]. Er ist bemüht, die Abnahme der einzelnen, zuvor von den Sendeunternehmen erworbenen Programme aktiv zu fördern und partizipiert unmittelbar an ihrer wirtschaftlichen Verwertung. Idealtypisch fließen dem Kabelbetreiber sogar sämtliche Verwertungserlöse zu. Je nachdem, ob die Programmangebote von den Kabelkunden direkt oder indirekt finanziert werden, profitiert er also allein von den

---

[197] Vgl. zu den Begriffen RegTP v. 24.3.1999, MMR 1999, 299 (307 und passim) – Einspeiseentgelte; *Engel*, RTkom, 2000, 1 (27); *Hein/Schmidt*, K&R 2002, 409 (409 ff.).

[198] *Hein/Schmidt*, K&R 2002, 409 (411); *Zimmer/Büchner*, CR 2001, 164 (165).

Werbeeinnahmen oder den Einnahmen aus dem Pay-TV[199]. Üblich sind in der Praxis jedoch abweichende Regelungen. So werden die Verwertungserlöse im Vermarktungsmodell regelmäßig zwischen Kabelbetreibern und Satellitenunternehmen aufgeteilt[200]. Unterschiede bestehen – wie die ausländischen Beispiele zeigen – lediglich hinsichtlich der Höhe der Anteile, die Sendeunternehmen und Kabelbetreiber jeweils erhalten[201].

Im internationalen Vergleich überwiegt das Vermarktungsmodell im Verhältnis zum Transportmodell ganz eindeutig[202]. So steht den Kabelbetreibern in den meisten Staaten das Recht zu, selbst bis zu einem gewissen Umfang Werbeblöcke zu schalten. Sie partizipieren damit unmittelbar an den Werbeeinnahmen, die sich aus der Verbreitung der Programme ergeben[203]. Darüber hinaus orientieren sich die Tarife der ausländischen Kabelanbieter regelmäßig an den übermittelten Inhalten, insbesondere an der Art und Anzahl der angebotenen Programme.

In Deutschland gilt dagegen jedenfalls für die Weiterleitung inländischer Programme in der Netzebene 3 das Transportmodell[204]. Die Kabelbetreiber erbringen, indem sie die betreffenden Programmsignale der Sendeunternehmen in ihre Netze einspeisen, technisch aufbereiten und anschließend an die Endkunden oder die Kopfstationen der lokalen Verteilnetze der Netzebene 4 weiterleiten, lediglich eine dem Telekommunikationsrecht unterstehende, entgeltpflichtige Transportleistung. Dagegen veranstalten sie selbst keine Rundfunksendungen[205]. Dies hat die Regulierungsbehörde für Telekommunikation und Post in ihrer Entscheidung vom 24.3.1999 zu den Kabelentgelten der Deutschen Telekom AG explizit bestätigt. Im Einzelnen heißt es unter 2.1 der Gründe:

---

[199] *Hein/Schmidt*, K&R 2002, 409 (411).
[200] *Gounalakis/Mand*, Kabelweiterleitung und urheberrechtliche Vergütung, 2003, S. 87 f.
[201] *Gounalakis/Mand*, Kabelweiterleitung und urheberrechtliche Vergütung, 2003, S. 88.
[202] RegTP v. 24.3.1999, MMR 1999, 299 (307 f.). Zum Beispiel USA vgl. *Hein/Schmidt*, K&R 2002, 409 (411 f.).
[203] *Gounalakis/Mand*, Kabelweiterleitung und urheberrechtliche Vergütung, 2003, S. 108.
[204] RegTP v. 24.3.1999; MMR 1999, 299 (307 und passim); *Engel*, RTkom 2000, 1 (27); *Hein/Schmidt*, K&R 2002, 409 (411). Vgl. unter Berücksichtigung der urheberrechtlichen Gesichtspunkte auch *Gounalakis/Mand*, Kabelweiterleitung und urheberrechtliche Vergütung, 2003, S. 71 f.; 79 f.
[205] *Gounalakis/Mand*, Kabelweiterleitung und urheberrechtliche Vergütung, 2003, S. 71 f., 79 f.; *Hein/Schmidt*, K&R 2002, 409 (410); *Irion/Schirmbacher*, CR 2002, 61 (62); *Wagner*, MMR 2001, Beilage zu Heft 2, S. 28 f.

"Bei den Einspeiseentgelten, welche die Deutsche Telekom AG von den Programmveranstaltern erhebt, handelt es sich um Entgelte für Telekommunikationsdienstleistungen als einem gewerblichen Angebot von Telekommunikation für Dritte im Sinne von § 3 Nr. 16 TKG. Unter Telekommunikation ist nach § 3 Nr. 16 TKG u.a. der technische Vorgang des Empfangens und Übermittelns von Nachrichten in der Form von Bildern und Tönen zu verstehen. Dieser erfolgt bei der Einspeisung durch die Aufnahme der von Satelliten abgestrahlten bzw. über Funk- oder Kabelverbindung herangeführten Fernsehsignale durch Satellitenempfangseinrichtungen und Rundfunkempfangsstellen, welche sodann bis zu den jeweiligen Ausgangsumsetzern weitergeleitet werden. Insoweit handelt es sich nicht um Rundfunk, da die geschuldete Leistung bei der Einspeisung lediglich in der Signalverarbeitung und dem -transport besteht, also in Bezug auf den Rundfunk als quasi neutrale technische Hilfsleistung anzusehen ist."[206]

IV. Urheberrechtliche Verantwortlichkeit des Kabelbetreibers im Transportmodell

Die Begriffe Transport- und Vermarktungsmodell beschreiben in erster Linie die Wettbewerbsstellung der Kabelbetreiber im Verhältnis zu den Sendeunternehmen und beziehen sich damit auf wirtschaftliche Marktverhältnisse. Für die Frage, wer urheberrechtlich für die Kabelweitersendung einzustehen und von den Urhebern und sonstigen Leistungsschutzberechtigten die erforderlichen Nutzungsrechte zu erwerben hat, kommt es dagegen auf eine wertende Betrachtung des Nutzungsvorgangs an. Maßgebend ist, wer die Weiterleitung der einzelnen Programme veranlasst, um die urheberrechtlich geschützten Inhalte zu verwerten.

Trotz dieser Unterschiede führt die Verfassung des Kabelmarktes nach dem Transport- oder Vermarktungsmodell regelmäßig auch zu einer differierenden urheberrechtlichen Verantwortlichkeit der Kabelbetreiber für den Sendevorgang: Die für das Vermarktungsmodell in seinen verschiedenen Ausprägungen charakteristische Partizipation der Kabelbetreiber an den Verwertungserlösen und die Entscheidungsfreiheit über die weiterzusendenden Programme begründen in der Regel eine urheberrechtliche (Mit-) Verantwortung der Kabelbetreiber für die

---

[206] RegTP v. 24.3.1999, MMR 1999, 299 (304).

Kabelweitersendung. Umgekehrt sprechen dieselben Kriterien, welche die Zuordnung zum Transportmodell begründen, dagegen, die Kabelbetreiber als Veranstalter der Weitersendung und damit als Verantwortliche des urheberrechtlichen Nutzungsvorgangs anzusehen.

1. Stellung als technischer Dienstleister im Verhältnis zu den Sendeunternehmen

Bestimmt die Initiierung und Kontrolle des Nutzungsvorgangs „Kabelweitersendung" darüber, wer im urheberrechtlichen Sinne sendet und für seine Handlungen das Weitersenderecht benötigt, muss sich die urheberrechtliche Verantwortlichkeit für die Sendung primär nach den Rechtsbeziehungen zwischen den potentiellen Verwertern Sendeunternehmen und Kabelbetreibern richten. Urheberrechtlich kommt es also darauf an, ob die Netzbetreiber in eigener Verantwortung weitersenden oder ob sie – ähnlich wie die Betreiber von Satelliten und terrestrischen Funkanlagen – nur als technische Dienstleister für die Sendeunternehmen tätig werden.

Für das Transportmodell ist letzteres charakteristisch. Die Kabelbetreiber bieten hier den Sendeunternehmen eine Telekommunikations-Dienstleistung an, d.h. sie empfangen und übermitteln gegen entsprechendes Entgelt die programmtragenden Signale. Dies wird durch die zentralen gegenseitigen vertraglichen Pflichten bestätigt. Sie sind in den Einspeiseverträgen zwischen Sende- und Kabelunternehmen festgelegt. Danach haben sich die Kabelbetreiber einerseits zur Weiterleitung der Programme verpflichtet. Andererseits erhalten sie von den Sendeunternehmen für den Transport der Programme ein Einspeiseentgelt. Beides dokumentiert, dass die Kabelbetreiber als technische Dienstleister bzw. als „Auftragnehmer" der Sendeunternehmen die Programme für diese weiterleiten. Entsprechend bezeichnen die Einspeiseverträge das Sendeunternehmen explizit als „Kunde", während die vertragliche Pflicht der Kabelbetreiber als „Dienstleistung nach diesem Vertrag" umschrieben wird.

a) Weiterleitungsverpflichtung

Im Einzelnen sind die Pflichten der Kabelbetreiber in Art. 2 der Einspeiseverträge geregelt. Gemäß Art. 2 Ziff. (1), Art. 4 der Einspeiseverträge besteht eine grundsätzlich unbedingte Weitersendeverpflichtung, die nur für bestimmte, genau definierte Ausnahmefälle nicht greift[207]. Die Entscheidung, was gesendet wird, liegt insoweit nicht bei den Kabelbetreibern, sondern bei den Sendeunternehmen. Insbesondere besitzen die Kabelbetreiber keinen Spielraum, die Programme nach eigenem wirtschaftlichem Ermessen weiterzusenden oder nicht. Dies wäre jedoch von wesentlicher Bedeutung, um von einer eigenverantwortlichen Weiterleitung der Programme für Verwertungszwecke und damit von einer eigenen Sendung der Kabelbetreiber auszugehen.

Darüber hinaus haben die meisten Sendeunternehmen mit den Kabelbetreibern so genannte „Back-Up Vereinbarungen" getroffen. Mit ihnen wollen die Sendeunternehmen sicherstellen, dass ihre Programme selbst bei technischen Störungen des Kabelnetzes empfangbar bleiben. Dies dokumentiert nicht nur den steuernden Einfluss der Sendeunternehmen auf den Sendevorgang. Die von den Sendeunternehmen für die Absicherung gegen technische Störungen aufgewendeten Kosten belegen auch das unmittelbare wirtschaftliche Eigeninteresse an der Kabelweitersendung. Die Inkaufnahme finanzieller Belastungen, um eine lückenlose Kabelweitersendung zu gewährleisten, macht nur dann einen Sinn, wenn die Sendeunternehmen die Programme über die Kabelweiterleitung auch wirtschaftlich verwerten wollen.

b) Einheitliche Einspeiseentgelte

Als Gegenleistung für die technische Einspeisung und Weiterleitung der Programme über das Kabelnetz zahlen die Sendeunternehmen ein Einspeiseentgelt. Ohne diese Zahlungen wäre eine kostendeckende Verbreitung der Programme nicht möglich. Finanziert sich der Kabelbetreiber jedoch wie die Betreiber der Netzebene 3 in Deutschland zumindest auch von den Sendeunternehmen, so erscheinen letztere als Auftraggeber des Weitersendevorgangs. Nicht anders als die Alleinfinanzierung durch die Sendeunternehmen liefert die Mischfinanzierung schon für sich ein Indiz dafür, dass die Kabelbetreiber die Inhalte nicht

---

[207] Vgl. *Gounalakis/Mand*, Kabelweiterleitung und urheberrechtliche Vergütung, 2003, S. 15 ff. sowie oben Teil 1 B II 4.

selbst vermarkten, sondern die Sendungen lediglich für die Sendeunternehmen transportieren[208].

Noch eindeutigere Hinweise auf die Stellung der Kabelbetreiber der Netzebene 3 als reine Telekommunikations-Dienstleister ergeben sich, wenn man die Einspeiseentgelte im Einzelnen betrachtet. Die Kabelgesellschaften verlangen, wie bereits die DTAG zuvor, weitgehend dieselben Einspeiseentgelte von allen Sendeunternehmen, die ihre Programme über das Kabelnetz weiterverbreiten wollen. Eine derartige Preisgestaltung erscheint nur dann verständlich, wenn sich die Kabelbetreiber auf den bloßen Transport der Programmsignale für Dritte konzentrieren. Verwerteten die Kabelbetreiber mit der Kabelweitersendung dagegen selbst die Inhalte, müssten sie bei rationaler Preisgestaltung unterschiedliche Entgelte von den Programmveranstaltern erheben. Denn in diesem Fall hinge der wirtschaftliche Erfolg direkt von der Attraktivität der Inhalte ab, die den Kabelkunden angeboten werden. Dementsprechend müsste das Einspeiseentgelt umso geringer ausfallen, je populärer das zu verbreitende Programm ist. Sehr beliebte Programme würde der Kabelbetreiber möglicherweise sogar kostenlos einspeisen oder selbst ein Entgelt an die Sendeunternehmen zahlen, um den Absatz seiner Angebote bei den Haushalten und der Wohnungswirtschaft zu steigern. Zudem stiege mit der Aufnahme derartiger Programme der Anreiz für Veranstalter einstweilen weniger populärer Programme, in dem jedenfalls im analogen Bereich stark limitierten Kabelangebot vertreten zu sein. Die Verbreitung attraktiver Inhaltsangebote erhöhte also die Bereitschaft dieser Programmveranstalter, für die Aufnahme in das Kabel mehr zu zahlen[209].

Wenn die Kabelbetreiber seit geraumer Zeit im Wesentlichen dieselben Einspeiseentgelte von allen Inhalteanbietern verlangen, spricht dies folglich stark gegen eine eigenverantwortliche Weiterleitung der Programme für Vermarktungszwecke und damit gegen eine eigene Sendung der Kabelbetreiber. Dies gilt umso mehr, als die RegTP selbst die zuvor bestehenden Preisunterschiede für be-

---

[208] So explizit auch die RegTP v. 24.3.1999, MMR 1999, 299 (307): Ein Vergleich der deutschen Kabelbetreiber der Netzebene 3 mit Kabelbetreibern, deren Geschäft auf dem Vermarktungsmodell basiert, scheide aus, weil diese „gerade keine entsprechende Leistung anbieten, sondern eine andere Leistung, das Weiterverbreitungsrecht, nachfragen." (...) „Die hierfür entstehenden Kosten werden dabei allein den Anschlusskunden in Rechnung gestellt."

[209] *Engel*, RTkom 2000, 1 (29 f.).

stimmte Inhaltsangebote wie Mediendienste, zeitpartagierte Programme[210] und bundesweit terrestrisch empfangbare Programme von der RegTP beanstandet hat[211]. Nach der Entscheidung der RegTP musste die DTAG als damals noch alleinige Betreiberin der Kabelnetze der Netzebene 3 sämtliche Inhalteanbieter bei der Bemessung der Einspeiseentgelte gleich behandeln, da die technische Dienstleistung der Einspeisung und Weiterleitung jeweils den gleichen Aufwand bereitet[212].

Sind aber die Kabelbetreiber verpflichtet, die Einspeiseentgelte allein am technischen Aufwand zu orientieren und für alle Rundfunkprogramme und Mediendienste – unabhängig von deren Attraktivität für die Kabelkunden – dieselben Preise zu verlangen, erscheint es nicht angängig, sie selbst als eigenverantwortliche Verwerter der weitergeleiteten Programminhalte zu qualifizieren. Vielmehr bestätigt und verfestigt die von der RegTP unter Berufung auf das praktizierte Transportmodell aufgestellte Forderung nach einer Gleichbehandlung aller Inhalteanbieter die Stellung der Kabelbetreiber als reine Telekommunikationsdienstleister, die technische Hilfe bei der Verbreitung fremder Rundfunkprogramme leisten. In dieser Funktion sind die Kabelbetreiber auch urheberrechtlich nicht selbst für den Verwertungsvorgang der Kabelweitersendung verantwortlich. Sie können nicht als Sendende qualifiziert werden, die für ihre Handlungen das Senderecht von den Urhebern und Leistungsschutzberechtigten erwerben müssen.

2. Hoheitliche Übertragungspflichten

Ob die Kabelbetreiber die urheberrechtlichen geschützten Inhalte aufgrund eigener Initiative weitersenden und verwerten, hängt neben den vertraglichen Vereinbarungen auch von anderen Umständen ab, die Einfluss auf den Entscheidungsspielraum der Kabelbetreiber hinsichtlich der weiterzusendenden Programme haben. Dies gilt vor allem für die umfangreichen hoheitlichen Durchleitungsbestimmungen.

---

[210] D.h. mindestens zwei Programmveranstalter teilen sich einen Kanal, wie etwa Kinderkanal und Arte.

[211] Az. Bk 3 b 99/001, MMR 1999, 299 ff.

[212] RegTP, 6.1. bis 6.5 der Entscheidungsgründe, MMR 1999, 299 (309 ff.).

So können die Kabelbetreiber heute nicht bzw. nur sehr eingeschränkt selbst über die Belegung der (analogen) Kabelkanäle entscheiden. Die meisten Landesmediengesetze enthalten detaillierte Vorgaben zur Kabelallokation[213]. Sie zwingen die Kabelbetreiber, die Auswahl der weiterzuleitenden Programme nicht anhand wirtschaftlicher, sondern anhand der vorgegebenen publizistischen Vielfaltsanforderungen zu treffen. In der Regel besteht sogar eine gesetzliche Verpflichtung, bestimmte Programme über das Kabelnetz weiterzuleiten[214].

Dies führt im Ergebnis dazu, dass die Kabelbetreiber in Deutschland weder den Inhalt der Sendungen einzelner Programmveranstalter beeinflussen können noch die Kabelallokation selbst nach Marktkriterien vornehmen dürfen. Dann aber erscheint es konsequent, wenn sie sich auf den reinen Transport der Signale beschränken und die inhaltliche Vermarktung der Programme den Sendeunternehmen überlassen[215]. Folgerichtig müssen letztere auch die erforderlichen Weitersenderechte erwerben.

Dieser Zusammenhang zwischen der eingeschränkten Entscheidungsbefugnis der Kabelbetreiber bei gesetzlichen Durchleitungspflichten und der urheberrechtlichen Verantwortlichkeit für den Weitersendevorgang steht im Einklang mit den Regelungen in den meisten ausländischen Rechtsordnungen. Selbst in Staaten, in denen die Kabelbetreiber wie in Großbritannien und in den USA die Programme grundsätzlich selbst vermarkten, sind im Falle von „must-carry"-Regeln keine bzw. deutlich ermäßigte Urheberrechtsvergütungen zu zahlen[216].

---

213 Vgl. etwa §§ 21, 23 ff. LMG Baden-Württemberg; Art. 36 Bayer. MedienG; §§ 41 – 43 Hess-RundfunkG sowie die Satzung über die Grundsätze der Kabelbelegung in Kabelanlagen in Hessen; § 41 NW-RundfunkG; §§ 50 ff. Nieders. RundfunkG.

214 Vgl. etwa §§ 41 – 43 Hess-RundfunkG sowie die Satzung über die Grundsätze der Kabelbelegung in Kabelanlagen in Hessen und auch § 41 NW-RundfunkG; §§ 50 ff. Nieders. RundfunkG.

215 Lediglich in der Anfangszeit der Kabelverbreitung von Rundfunkprogrammen versuchte die Deutschen Bundespost kurzzeitig, mit dem Programmveranstalter Kabel 1 ein spezifisches Kabelprogramm zu etablieren und selbst zu vermarkten. In diesem Fall wurden folgerichtig auch urheberrechtliche Vereinbarungen getroffen, die deutlich von den Regelungen in den heutigen Satelliten-Einspeiseverträgen abweichen. Insbesondere hat die Deutsche Bundespost an den Programmveranstalter Kabel 1 in erheblichem Umfang Urheberrechtsgebühren gezahlt.

216 Zum britischen Recht vgl. oben Teil 2 C III 1 b. In den USA müssen die Kabelbetreiber nach sec. 614 des durch den Cable Act 1992 novellierten Communications Act 1934 einen Teil ihrer Kapazität für die Einspeisung von lokalen Sendern und Kulturprogramme reservieren. Für diese Programme sind jedoch regelmäßig keine Vergütungen zu zahlen, weil es sich um Weiterübertragungsvorgänge innerhalb des per se urheberrechtsfreien lokalen Sendebe-

Es erscheint insoweit wenig einleuchtend, von einer eigenverantwortlichen Sendung und damit von einer umfassenden urheberrechtlichen Verantwortlichkeit der Kabelbetreiber auszugehen, wenn die Kabelbetreiber als technische Dienstleister im Rahmen des in Deutschland praktizierten Transportmodells lediglich zwingende Durchleitungspflichten befolgen[217].

3. Wirtschaftliche Nutzung der urheberrechtlich geschützten Inhalte

Im Rahmen der wertenden Betrachtung, auf deren Grundlage der für die Weitersendung urheberrechtlich Verantwortliche zu ermitteln ist, spielt weiterhin der wirtschaftliche Hintergrund der Kabelweiterleitung eine zentrale Rolle. Ob der Kabelbetreiber oder das Sendeunternehmen den urheberrechtlichen Verwertungsvorgang verantwortet und kontrolliert, richtet sich also insbesondere danach, wer die geschützten Inhalte durch die Kabelweiterleitung tatsächlich nutzt.

a) Verwertungserlöse aus Werbung, Sponsoring und sonstigen indirekten Einnahmen

Im Bereich des Rundfunks können die Programminhalte entweder direkt über Pay-TV oder indirekt über Werbung, Sponsoring und diverse Rechteerlöse verwertet werden. In Deutschland erfolgt die Vermarktung praktisch durchgängig indirekt[218]. Die Verteilung der entsprechenden Einnahmen belegt dabei besonders nachdrücklich die Stellung der Kabelbetreiber als urheberrechtlich für die Sendung nicht verantwortliche Übermittlungsdienstleister: Im Gegensatz zu dem im Ausland zumeist praktizierten Vermarktungsmodell haben die Kabelbetreiber in Deutschland nicht die Möglichkeit, selbst Werbung zu schalten. Sämtliche

---

reichs (local service area) handelt. Sofern ausnahmsweise Kulturprogramme als „distant signals“ übertragen werden, ist die Vergütung durch die Vergütungsberechnung nach DSEs praktisch deutlich reduziert. Vgl. dazu oben Teil 2 C III 1 c.

217 Es bestehen sogar erhebliche Zweifel, ob der durch die „must-carry“-Regeln bewirkte Eingriff in die wirtschaftliche Entfaltungsfreiheit der Kabelbetreiber gemäß Art. 12 Abs. 1, Art. 2 Abs. 1 GG noch verhältnismäßig und damit gerechtfertigt wäre, wenn die betreffenden medienrechtlichen Vorschriften umfassende urheberrechtliche Vergütungspflichten nach sich zögen.

218 Eine Ausnahme bildet nur der Sender „premiere“. Die Einnahmen fließen hier komplett dem Programmveranstalter zu. Die folgenden Ausführungen zu den indirekten Verwertungserlösen gelten insoweit entsprechend.

Einnahmen aus der Werbung und dem Sendungssponsoring kommen den Sendeunternehmen zugute. Dabei schlägt sich der durch die Weiterleitung der Signale über das Kabelnetz erzielte Reichweitenvorteil der Programme gewöhnlich überproportional in der Höhe der betreffenden Einnahmen nieder[219].

Ebenfalls allein in der Hand der Sender liegt die wirtschaftliche Verwertung der Programme außerhalb des Programms. Einen besonders hohen Stellenwert hat insoweit das Merchandising erlangt. Hierunter versteht man die Einräumung der Befugnis, den Bekanntheitsgrad von Rundfunksendungen und Senderkennungen zur Absatzförderung bestimmter Produkte und Dienstleistungen auszunutzen[220]. Daneben reichen die Verwertungsmöglichkeiten der Programme und damit zusammenhängenden Rechte von der Videoauswertung bis hin zu kommerziellen Online-Angeboten[221]. Fließt aber der gesamte Ertrag aus der klassischen Vermarktung der im Kabelnetz weitergeleiteten Programme den Sendeunternehmen zu, liegt es fern anzunehmen, die Kabelbetreiber vermarkteten selbst die übermittelten Inhalte und veranstalteten insoweit eigene Sendungen.

b) Einnahmen aus den Kabelanschlussentgelten

Diese Sichtweise wird allerdings teilweise mit dem Argument bestritten, die Kabelbetreiber verlangten auch von den Kabelkunden ein Anschlussentgelt[222]. Aufgrund der doppelten Finanzierung über Einspeisegebühren *und* Anschlussentgelte seien die Kabelbetreiber an der Vermarktung der Programme zumindest beteiligt. Den Kabelbetreibern flössen selbst finanzielle Vorteile im Zusammenhang mit der Weiterleitung zu, an denen sie die Urheber und Leistungsschutzberechtigten zu beteiligen hätten. Diese auf den ersten Blick einleuchtende Argumentation verfängt bei näherer Betrachtung jedoch nicht.

---

219 Vgl. hierzu auch *Kübler*, ZRP 2000, 131 (133).

220 Eingehend hierzu *Mand*, Erwerbswirtschaftliche Betätigung öffentlich-rechtlicher Rundfunkanstalten außerhalb des Programms, 2002, S. 10 ff., 107 ff.

221 Zu den verschieden Formen der wirtschaftlichen Nutzung von Rundfunkprogrammen und damit zusammenhängenden Rechten *Mand*, Erwerbswirtschaftliche Betätigung öffentlich-rechtlicher Rundfunkanstalten außerhalb des Programms, 2002, S. 7 ff.

222 Vgl. etwa *Hoeren* in einem bisher unveröffentlichten Rechtsgutachten zur Frage der Bewertung der Kabelweitersenderechte der Sendeunternehmen, 2001 (im Folgenden: Gutachten), S. 23 f.

Grundsätzlich hat ein Kabelbetreiber drei Möglichkeiten, sein Geschäft zu finanzieren: Er kann ausschließlich von den Programmveranstaltern ein Einspeise- und Verbreitungsentgelt verlangen, er kann sich ausschließlich über die Anschlussentgelte von den Haushalten oder der Wohnungswirtschaft finanzieren oder er kann beide Finanzierungsquellen mischen. Die Betreiber der Netzebene 3 in Deutschland folgen dem letztgenannten Modell. Diese Praxis ist, wie die RegTP zu Recht festgestellt hat[223], nicht zu beanstanden. Es besteht insbesondere kein allgemeines kartellrechtliches Verbot, das Entgelt für das Herbeiführen eines Leistungserfolges auf zwei oder mehrere Parteien aufzuteilen[224].

Wählen die Kabelbetreiber eine Mischfinanzierung, so präjudiziert dies die Verantwortlichkeit für den Sendevorgang in urheberrechtlicher Hinsicht nicht. Die Stellung als rein technischer Dienstleister hängt nicht davon ab, ob sich die Kabelbetreiber ausschließlich über Einspeiseentgelte der Sendeunternehmen finanzieren oder zusätzlich Anschlussentgelte von den Kabelkunden verlangen. Eine Gleichung dergestalt, dass nur bei „einseitiger Finanzierung" der Kabelweiterverbreitung durch die Sendeunternehmen von einem unselbständigen Signaltransport, bei einer Doppelfinanzierung dagegen von einer (auch) eigenen Vermarktung der Inhalte durch die Kabelbetreiber auszugehen ist, kann nicht aufgestellt werden. Insbesondere bedeutet eine Mischfinanzierung durch Einspeiseentgelte und Anschlussgebühren nicht, dass der Kabelbetreiber die weitergesendeten Inhalte in Höhe der Anschlussentgelte selbst vermarktet. Auch bei einer reinen Transportdienstleistung für die Sendeunternehmen kann sich der Kabelbetreiber vielmehr für eine differenzierte Vergütungspraxis entscheiden.

Die Kosten für den Transport von Waren oder die Vermittlung von Dienstleistungen werden in allen Bereichen der Wirtschaft sehr unterschiedlich verteilt. Teilweise trägt der Absender die Kosten, teilweise zahlt der Empfänger, teilweise werden die Kosten auch zwischen beiden aufgeteilt. An der Stellung des mit dem Transport bzw. der Vermittlung betrauten Unternehmens ändert diese unterschiedliche Vergütungspraxis nichts. Insbesondere wird das Transport- bzw. Vermittlungsunternehmen bei einer (teilweisen) Zahlung seiner Leistungen

[223] RegTP, MMR 1999, 299 (307); vgl. auch bereits BGH, WuW 1996, 728 (734) – Pay-TV.
[224] BGH, WuW 1996, 728 (734) – Pay-TV. Die RegTP, MMR 1999, 299 (307), verweist in diesem Zusammenhang auch auf den Zeitschriftenmarkt, wo eine Refinanzierung durch Entgelte für Werbung, private Annoncen und die Erlöse aus dem Zeitschriftenverkauf üblich sei.

durch den Empfänger nicht selbst zum Anbieter der übermittelten Waren oder Dienstleistungen.

Im Bereich der Telekommunikation zeigt sich dies besonders deutlich bei der Festnetztelefonie. Hier trägt der Anrufer über die abgerechneten Zeiteinheiten und die von ihm bezahlten Anschlussgebühren einen Großteil der Kosten für ein Telefongespräch. Aber auch der Gesprächspartner hat für die Möglichkeit, privat angerufen werden zu können, eine monatliche Anschlussgebühr zu entrichten. Mit einer Vermarktung der Inhalte, die beim Anruf übermittelt werden, hat dies jedoch nichts zu tun. Ähnliches gilt auch für elektronische Dienste, die über das Telefonnetz übertragen werden. Die Anschlussgebühr deckt die Kosten für die Bereitstellung der Telekommunikationseinrichtungen ab, die für die Nutzung des Dienstes nötig sind. Ob, in welcher Höhe und an wen Vergütungen für die Inhalte zu zahlen sind, ist eine andere Frage.

Warum die Übermittlung von Rundfunkprogrammen über das Kabelnetz grundlegend anders zu bewerten sein soll, obgleich die Vergütungspraxis beim Telefonanschluss sehr weitgehend den Verhältnissen beim Kabelanschluss entspricht, leuchtet nicht ein. Auch insoweit kann die Erhebung von Anschlussgebühren von den Kabelkunden nicht als Argument für eine eigene Vermarktung der Programminhalte durch den Kabelbetreiber dienen[225]. Vielmehr ist parallel zur Festnetztelefonie das Anschlussentgelt als Gegenleistung allein für die technische Empfangsmöglichkeit anzusehen.

Lediglich sehr indirekt profitieren auch die Kabelbetreiber von der Übermittlung der Programme über ihr Kabelnetz. Denn nur wenn das Netz tatsächlich für den Transport beliebter Inhalte und Dienste genutzt wird, entsteht überhaupt eine größere Nachfrage nach der offerierten Transportleistung. Zugespitzt könnte man formulieren, dass der Transport attraktiver Inhalte einen Beitrag leistet, um die angebotene Transportleistung zu vermarkten. Ein solcher mittelbarer wirtschaftlicher Vorteil rechtfertigt es aber nicht, die gefundene Einordnung der

---

[225] Dies gälte sogar dann, wenn sich die Kabelbetreiber ausschließlich von den Anschlussentgelten finanzierten und auf die Erhebung von Einspeiseentgelten von den Programmveranstaltern verzichteten. Vgl. dazu RegTP, MMR 1999, 299 (312 sub 8.), wo die RegTP darauf hinweist, dass es auf der Basis des derzeit praktizierten Transportmodells auch nicht zu beanstanden wäre, wenn die DTAG auf die Erhebung von Entgelten gegenüber den Programmveranstaltern verzichtete und die maßgebenden Kosten des Transports stattdessen in die Anschlussgebühren einbezöge.

deutschen Kabelbetreiber als reine Transportdienstleister in Frage zu stellen und die Kabelbetreiber neben oder gar anstelle der Sendeunternehmen als Vermarkter von Inhalten und damit als Sender der Kabelweitersendung zu qualifizieren. Vielmehr ist dieser mittelbare Nutzen als Rechnungsposten im Rahmen der von den Kabelbetreibern erbrachten Transportdienstleistung zu würdigen: Unterstützen die Kabelbetreiber die Sendeunternehmen bei der Verbreitung ihrer Programme, so senken die von ihnen erhobenen Anschlussgebühren die Transportkosten, die im Transportmodell notfalls von den Sendeunternehmen allein zu tragen sind. Dementsprechend liegen die Kosten der Programmverbreitung über das Kabelnetz für die Sendeunternehmen deutlich niedriger als bei der Satellitenverbreitung und sogar um ein vielfaches niedriger als bei der terrestrischen Ausstrahlung[226]. Die Möglichkeit, für die Bereitstellung des Kabelanschlusses ein Entgelt zu verlangen, weil ein entsprechendes Interesse an den gesendeten Inhalten besteht, kommt also den Sendern selbst zugute. Denn im Rahmen der praktizierten Doppelfinanzierung der Kabelweiterleitung können die Verbreitungskosten der Programme – im Gegensatz zur Ausstrahlung über Satellit oder terrestrische Sendeanlagen – teilweise direkt auf die Endkunden verlagert werden. Diese Verlagerung ändert aber nichts daran, dass die Kabelbetreiber lediglich technische Hilfe bei der Verbreitung der Sendungen durch die Sendeunternehmen leisten. Die Anschlussgebühren sind Bestandteil der Transportkosten, nicht aber ein Entgelt für die Inhalte selbst.

Gegen eine urheberrechtliche Verwertung der Programminhalte durch die Kabelbetreiber spricht in diesem Zusammenhang auch, dass die Anschlussgebühren nicht programmbezogen sind. Die Anschlussgebühren decken den Empfang aller inländischen analogen Free-TV-Programme ab, die in das Kabelnetz eingespeist werden[227]. Es besteht also keine Wahlmöglichkeit, gegen ein geringeres monatliches Anschlussentgelt nur einen Teil der Free-TV-Programme zu empfangen. Eine solche Wahlmöglichkeit ist jedoch charakteristisch für eine eigene

---

[226] Vgl. dazu das 4. Kapitel (Bestandsbedarf) des 13. KEF-Bericht v. Dezember 2001 (abrufbar unter: http://www.kef-online.de/).

[227] Eine Ausnahme besteht insoweit für die Fremdsprachenprogramme. Sie können nur gegen ein zusätzliches programmbezogenes Entgelt empfangen werden. Dies spricht in Verbindung mit der Vertrags- und Interessenlage bei der Weitersendung derartiger Programme dafür, die Kabelbetreiber selbst als Werknutzer und damit als urheberrechtlich verantwortliche Sendende einzustufen. Zur Sonderstellung der ausländischen Programme vgl. bereits *Gounalakis/Mand*, Kabelweiterleitung und urheberrechtliche Vergütung, 2003, S. 81 f.

Verwertung der Programminhalte, bei der die Kabelbetreiber selbst das Verwendungsrisiko der Programme tragen und bemüht sind, die Abnahme der einzelnen Programme aktiv zu fördern.

Die Anschlussgebühren, welche die Kosten der Einspeisung und Weiterleitung der Programme allein nicht decken und von der RegTP nach den Grundsätzen der effizienten Leistungsbereitstellung reguliert wurden[228], erweisen sich mithin ausschließlich als eine Gegenleistung für die Bereitstellung der Empfangsmöglichkeit. Die Inhalte selbst werden dagegen nicht vergütet. Insgesamt bestätigen die Finanzierungspraxis der Kabelbetreiber und die Verteilung der Verwertungserlöse aus Werbung, Sponsoring sowie Merchandising folglich das bereits gefundene Ergebnis: Die Vermarktung der Programme liegt bei den Sendeunternehmen, die Kabelbetreiber leisten lediglich technische Unterstützung bei deren Verbreitung.

4. Perspektive der Verbraucher

Neben den Anschlussgebühren wird vereinzelt auch auf die Perspektive der Verbraucher verwiesen, um eine eigennützige Vermarktung der geschützten Programminhalte durch die Kabelbetreiber zu begründen. Die Verbraucher erachteten die Gebühren nicht als Gegenleistung für die reine telekommunikationsrechtliche Bereitstellung der Empfangsmöglichkeit, sondern als Gegenleistung für die Übermittlung der Inhalte selbst. Im Ergebnis sei der Kabelmarkt in Deutschland deshalb bereits heute teilweise nach dem Vermarktungsmodell geordnet, so dass die Kabelbetreiber als Verwerter der geschützten Werke auch selbst für die urheberrechtliche Vergütung aufkommen müssten.

Dieser Begründungsansatz geht jedoch ebenfalls fehl. Zwar ist die Perspektive der Rezipienten im vorliegenden Zusammenhang bereits wegen des der urheberrechtlichen Vergütung zu Grunde liegenden Stufensystems zur mittelbaren Erfassung der Endverbraucher von Bedeutung. Darüber hinaus richtet sich die Auslegung von Willenserklärungen gemäß §§ 133, 157 BGB ganz allgemein nach dem objektiven Empfängerhorizont[229]. Die Annahme, aus Sicht der

[228] Vgl. den Beschluss vom 30.4.98 zur nachträglichen Entgeltregulierung gegen die Deutsche Telekom AG im Fall der Preiserhöhung für Kabelanschlüsse vom November 1997.

[229] RGZ 131, 343 (350); *Mayer-Maly/Busche* in: MünchKomm, Band 1, Allgemeiner Teil, 4. Aufl. 2001, § 133, Rn. 10 ff. Unter Berücksichtigung des Verkehrsschutzes richtet sich

Verbraucher erscheine das Kabelentgelt nicht als Gebühr für das Zurverfügungstellen eines Kabelanschlusses, sondern als Gegenleistung für die gelieferten Programme selbst, ist aber nicht haltbar. Im Gegenteil betrachten auch die Verbraucher den Kabelanschluss als eine reine Telekommunikationsdienstleistung.

Dies wird besonders deutlich bei den öffentlich-rechtlichen Programmangeboten. Sie sind nach allgemeiner Ansicht durch die Rundfunkgebühren abgegolten. Es ist lebensfern anzunehmen, der Verbraucher wolle bei einer Verbreitung über das Kabelnetz für die Programme der öffentlich-rechtlichen Rundfunkanstalten ein zusätzliches Entgelt zahlen. Entsprechendes gilt letztlich aber auch für die Programme privater Rundfunkveranstalter. Diese Programme sind, wie jedem Verbraucher bekannt ist, werbefinanziert. Der Verbraucher nimmt die häufig störenden Werbeunterbrechungen in den privaten Rundfunkprogrammen nur deshalb in Kauf, weil er für deren Empfang gerade kein Entgelt zu entrichten hat, sondern die Programmveranstaltung nur indirekt über den Kauf der beworbenen Produkte finanziert. Nichts spricht insoweit für die Annahme, der Verbraucher gehe davon aus, beim Kabelempfang eines werbefinanzierten privaten Rundfunkprogrammes für dieses ein besonderes Entgelt zu entrichten.

Vielmehr teilen die Verbraucher die Einschätzung der RegTP: Die Kabelbetreiber stellen mit dem Kabelanschluss eine Telekommunikationsdienstleistung zur Verfügung, die den Empfang der Programme ermöglicht. Allein für diese Empfangsmöglichkeit ist die Anschlussgebühr zu entrichten. Die Kabelkunden zahlen hingegen nicht für die übertragenen Inhalte selbst; diese werden ausschließlich auf andere Weise finanziert. Bei den öffentlich-rechtlichen Rundfunkprogrammen geht man allgemein von einer Mischfinanzierung aus Rundfunkgebühren und Werbung aus, bei den privaten Rundfunkprogrammen von einer ausschließlichen Werbefinanzierung[230].

Die Perspektive der Verbraucher untermauert also die bereits aus den rechtlichen Rahmenbedingungen der Kabelweiterleitung in Deutschland und der Fi-

---

auch die Bestimmung des Leistenden im Bereicherungsrecht nach dem objektiven Empfängerhorizont, h. A. vgl. *Lieb*, in: MünchKomm, Band 5, Schuldrecht, Besonderer Teil III, §§ 705 – 853, 3. Aufl. 1997, § 812, Rn. 48 ff.

[230] Daneben treten jeweils Einnahmen aus dem Sendungs-Sponsoring sowie aus der Verwertung der Programmrechte außerhalb des Programms, z.B. durch die Vergabe von Merchandisingrechten.

nanzierungspraxis der Kabelbetreiber abgeleiteten Ergebnisse: Die Anschlussgebühr dient allein dazu, die Bereitstellung einer Empfangsmöglichkeit abzugelten. Die Kabelkunden zahlen für den Transport der Programme; die Verwertung der geschützten Programminhalte durch die Kabelweitersendung übernehmen dagegen die Sendeunternehmen. Sie bedienen sich der Kabelbetreiber, um die Sendungen der Öffentlichkeit mitzuteilen. Damit sind sie in urheberrechtlicher Hinsicht für den Nutzungsvorgang verantwortlich und müssen als Sendende die erforderlichen Senderechte erwerben.

In einer neueren Entscheidung scheint auch der BGH dieser Auffassung nicht mehr ganz fern zu stehen[231]. Bei einer auf der Grundlage des Kabelglobalvertrags weitergesendeten öffentlich-rechtlichen Rundfunksendung des Ostdeutschen Rundfunks Brandenburg (ORB) hat er angenommen, das Sendeunternehmen (!) sei urheberrechtlich für die Kabelsendung verantwortlich. Denn der ORB bestimme über Inhalt und Verbreitung. Daher greife die Anstalt auch selbst in das Senderecht ein. Angeknüpft wurde also nicht an die „Sendung" des Kabelbetreibers, sondern an die Verantwortlichkeit des ORB, der der DTAG die Kabelweitersendung gestattet hat.

Die vom BGH konstatierte urheberrechtliche Verantwortlichkeit der Sendeanstalt besagt zwar nicht unmittelbar, dass nicht auch der Kabelbetreiber hätte in Anspruch genommen werden können. Denn der BGH stellt in den Gründen vor allem auf die Rechteeinräumung durch die Sendeanstalt ab, trifft also keine konkrete Aussage dazu, um wessen Sendung es sich bei der Kabelweiterleitung letztlich handelt[232]. Immerhin stimmt aber das Ergebnis des BGH – urheberrechtliche Verantwortung der Sendeunternehmen auch für die Kabelweitersendung der terrestrisch ausgestrahlten Programme – mit der hier allgemein befürworteten Zuweisung der urheberrechtlichen Verantwortlichkeit überein.

---

231 BGH, ZUM 2000, 749 ff.

232 Der BGH verweist zur Begründung der Verantwortlichkeit des Sendeunternehmens vielmehr auf die Entscheidung BGHZ 136, 380 (389) – Spielbankaffäre, in der es um die urheberrechtliche Mitverantwortung eines vermeintlichen Rechtsinhabers geht, der das Urheberrecht einem Dritten überträgt. Dieser Rechtserwerb ist, da es einen Gutglaubenserwerb im Urheberrecht nicht gibt, unwirksam. Dennoch trägt der Veräußerer des Rechts eine Mitverantwortung an der weiteren Nutzung.

V. Handlungsbedarf des Gesetzgebers

1. Besonderheiten des Transportmodells in Deutschland

Die Verfassung des nationalen Kabelmarktes nach dem Transportmodell führt nach allem zu einer international eher ungewöhnlichen Verteilung der urheberrechtlichen Verantwortung für den Sendevorgang. Im Gegensatz zu dem im Ausland zumeist praktizierten Vermarktungsmodell sind die Kabelbetreiber in Deutschland jedenfalls hinsichtlich der inländischen Fernsehprogramme nicht selbst als Sendende der Kabelweitersendung zu qualifizieren. Obwohl die dieser Einschätzung zugrunde liegenden allgemeinen Maßstäbe zur urheberrechtlichen Verantwortlichkeit bei Sendevorgängen an sich anerkannt sind, ist man aber nur selten bereit, sie auf die Kabelweiterleitung von Rundfunkprogrammen zu übertragen. Vielmehr wird mit Blick auf die internationalen Gepflogenheiten zumeist ohne nähere Begründung aus dem Transport der programmtragenden Signale durch die Kabelbetreiber auf deren urheberrechtliche Verantwortung geschlossen. Diese letztlich unzutreffende Vorgehensweise führt zu einer Diskriminierung des Übertragungsmediums Kabel im Verhältnis zu anderen Übermittlungstechniken: Obgleich sich die Kabelnetzbetreiber ebenso wie die Satellitenbetreiber oder die Betreiber terrestrischer Sendeanlagen in Deutschland funktional weitgehend auf die Erbringung von Telekommunikationsdienstleistungen beschränken, sollen allein sie von den Urhebern und sonstigen Leistungsschutzberechtigten die erforderlichen Senderechte selbst erwerben. Für eine solche Ungleichbehandlung besteht kein Rechtsfertigungsgrund. Der Gesetzgeber ist deshalb angehalten, die allgemeinen Regeln für die urheberrechtliche Verantwortlichkeit bei Sendevorgängen auch im Bereich der Kabelweitersendung explizit für anwendbar zu erklären. Die bloße Bereitstellung von Übertragungskapazitäten für Dritte sollte also vom Inhalt des Kabelweitersenderechts abgegrenzt werden.

2. Unklarheiten durch § 20 b Abs. 2 UrhG

Eine solche Klarstellung erscheint nicht zuletzt auch deshalb geboten, weil das deutsche Urheberrecht selbst in besonderem Maße zu den Unklarheiten über die urheberrechtliche Verantwortlichkeit für den Kabelweitersendevorgang beiträgt. Der deutsche Gesetzgeber hat mit § 20 b Abs. 2 UrhG eine Norm erlassen, die im internationalen Vergleich – soweit ersichtlich – einmalig ist[233]. Nach dem Wortlaut dieser Vorschrift hat das Kabelunternehmen dem Urheber eine angemessene Vergütung für die Kabelweitersendung zu zahlen, wenn der Urheber das Recht der Kabelweitersendung einem Sendeunternehmen oder einem Tonträger- oder Filmhersteller eingeräumt hat. Da der Anspruch gegen das *Kabelunternehmen* gerichtet ist, erweckt die Bestimmung den Eindruck, das Kabelunternehmen sei stets selbst urheberrechtlich für die Nutzungshandlung verantwortlich[234]. Das ist aber nicht der Fall. Der Kabelbetreiber kann eine sehr unterschiedliche Stellung im Dreiecksverhältnis Sendeunternehmen – Kabelbetreiber – Endverbraucher einnehmen. Insbesondere unter den Bedingungen des Transportmodells besteht – wie dargelegt – gerade keine urheberrechtliche Verantwortlichkeit des Netzbetreibers für die Kabelweitersendung.

Die Vorschrift des § 20 b Abs. 2 UrhG erscheint insoweit kurios. Sie ist im internationalen Maßstab einzigartig und gilt ausgerechnet dort, wo die Kabelbetreiber anders als in den meisten anderen Staaten die Programmrechte nicht selbst urheberrechtlich verwerten, sondern sich auf den reinen Signaltransport für die Sendeunternehmen beschränken. Sie sollte deshalb ersatzlos gestrichen werden[235]. Solange dies jedoch nicht geschehen ist, erscheint es dringend erforderlich, etwaigen Missverständnissen über den Inhalt des Kabelweitersenderechts durch eine klarstellende gesetzliche Regelung zur fehlenden urheberrechtlichen Relevanz unselbständiger technischer Hilfstätigkeiten bei der Programmverbreitung vorzubeugen.

3. Inkonsistenz der inländischen Verantwortlichkeitsregeln für Betreiber von Infrasturkurnetzen

Eine solche Klarstellung ist auch mit Blick auf die Erfordernisse einer zeitgemäßen, in sich stimmigen Medienregulierung geboten. Die zunehmende technische Konvergenz der Übertragungswege und Endgeräte erfordert eine Medien-

---

233 Ausführlich zur Einordnung und Entstehungsgeschichte der Norm unten Teil 3.

234 Unter Berücksichtigung der Entstehungsgeschichte und nach Sinn und Zweck des § 20 b Abs. 2 UrhG erweist sich eine derartige Deutung der Vorschrift allerdings selbst als vordergründig und letztlich nicht überzeugend. Ausführlich dazu *Gounalakis/Mand*, Kabelweiterleitung und urheberrechtliche Vergütung, 2003, S. 40 ff.

235 Ausführlich zu den rechtlichen und praktischen Problemen im Zusammenhang mit § 20 b Abs. 2 UrhG und den Anpassungsmöglichkeiten de lege ferenda unten Teil 3.

und Telekommunikationsordnung, die Infrastrukturnetze und TK-Dienstleister unabhängig von den übertragenen Inhalten gleich behandelt. In Deutschland gelten jedoch speziell zur urheberrechtlichen Verantwortlichkeit für die übertragenen Inhalte höchst unterschiedliche Regelungen.

Hinsichtlich der Inhalte unterscheidet das deutsche Recht zwischen Telediensten, Mediendiensten und Rundfunk. Explizite Regelungen für die urheberrechtliche Verantwortlichkeit der technischen Übermittlungsdienstleister bestehen nur für Teledienste. Die §§ 8 ff. TDG sehen verschiedene Haftungseinschränkungen vor. Reine Telekommunikationsdienstleistungen sind von der Haftung weitgehend freigestellt. Diese Haftungserleichterung gilt nach inzwischen ganz herrschender Ansicht auch für eine etwaige urheberrechtliche Einstandspflicht.

Bereits für Mediendienste existiert demgegenüber keine das Urheberrecht erfassende Regelung. Zwar finden sich im MDStV inhaltsgleiche Normen wie im TDG. Dabei handelt es sich aber um Landesrecht. Insofern ist der MDStV aus kompetenzrechtlichen Gründen nicht in der Lage, die urheberrechtliche Haftung zu begrenzen[236]. Die hieraus resultierende Unterscheidung zwischen Tele- und Mediendiensten hinsichtlich der urheberrechtlichen Verantwortlichkeit erscheint inakzeptabel. Denn eine trennscharfe Abgrenzung zwischen beiden Inhaltediensten erweist sich als unmöglich. Wollte man Teledienste und Mediendienste in urheberrechtlicher Hinsicht unterschiedlich behandeln, führte dies folglich zu erheblicher Rechtsunsicherheit. De lege lata kann dieses Problem allenfalls durch eine analoge Anwendung des TDG, soweit es um urheberrechtliche Haftung geht, behoben werden.

Für den Rundfunk existieren schließlich keine gesetzlichen Vorgaben zu den Grenzen der urheberrechtlichen Einstandspflicht. Auch eine Analogie zu den Tele- und Mediendiensten scheidet wegen der Besonderheiten des Rundfunks wohl aus. Es bleiben deshalb nur die allgemeinen Anknüpfungspunkte. Diese sind jedoch in ihrer Tragweite gerade für die Kabelweitersendung nicht unumstritten. Im Interesse der Rechtssicherheit sollte deshalb eine einheitliche Regelung für reine unselbständige Übermittlungsleistungen im Urheberrecht selbst getroffen werden. Dies entspräche nicht nur den Anforderungen an eine konver-

---

[236] *Dreier*, in: Dreier/Schulze, UrhG, 2004, § 97 Rn. 36; Waldenberger, MMR 1998, 124 (127).

genztaugliche Regulierung, sondern auch den Entwicklungen des internationalen Urheberrechts.

4. Gemeinsame Erklärung zu Art. 8 WCT als Vorbild

Beispielhaft für eine entsprechende Regelung ist der WCT. Art. 8 WCT statuiert zunächst ein umfassendes, technikneutrales Recht der öffentlichen Wiedergabe, das auch das Recht der öffentlichen Zugänglichmachung einschließt. Zugleich konkretisiert aber die gemeinsame Erklärung zu Art. 8 WCT die Grenzen dieses umfassenden Verwertungsrechts. Die Vorschrift stellt klar, dass die Bereitstellung technischer Übermittlungsleistungen als solche noch keine öffentliche Wiedergabe im Sinne des WCT oder der RBÜ ist. Eine urheberrechtliche Haftung der Telekommunikationsunternehmen bleibt aber dennoch möglich. Insbesondere können die TK-Dienstleister möglicherweise als Veranlasser oder Teilnehmer an fremden Verletzungshandlungen haftbar gemacht werden. Eine entsprechende Klarstellung des deutschen Gesetzgebers für das nationale Recht erscheint daher auch im Interesse einer Angleichung an die internationalen Standards geboten.

Teil 3: Gesetzlicher Vergütungsanspruch gemäß § 20 b Abs. 2 UrhG

Im Zuge der Umsetzung der Satelliten- und Kabelrichtlinie im Jahre 1998 hat der deutsche Gesetzgeber in § 20 b Abs. 2 UrhG einen gesetzlichen Vergütungsanspruch normiert. Er ergänzt das Ausschließlichkeitsrecht gemäß §§ 20, 20 b Abs. 1 UrhG in bestimmten Fallgestaltungen, um eine angemessene Vergütung der Urheber, ausübenden Künstler[237] und Filmhersteller[238] im Zusammenhang mit der Kabelweiterleitung von Rundfunkprogrammen zu gewährleisten. Der Anspruch richtet sich ausweislich des Wortlauts gegen „das Kabelunternehmen" und kann nur von Verwertungsgesellschaften geltend gemacht werden. Dieses Regelungskonzept findet weder in der Satelliten- und Kabelrichtlinie der EU noch in den nationalen Rechtsordnungen der EU-Mitgliedstaaten eine Parallele. Bereits während des Gesetzgebungsverfahrens war die Vorschrift des § 20 b Abs. 2 UrhG daher heftig umstritten[239].

Seitdem das Gesetz zur Stärkung der vertraglichen Stellung von Urhebern und ausübenden Künstlern in den §§ 32 ff. UrhG allgemeine Korrekturansprüche zum Ausgleich unangemessener vertraglicher Vergütungsvereinbarungen in das UrhG eingeführt hat, steht der gesetzliche Vergütungsanspruch aus § 20 b Abs. 2 UrhG erneut im Mittelpunkt der Diskussion[240]. In rechtlicher Hinsicht fragt sich insbesondere, ob die Flankierung des Ausschließlichkeitsrechts gemäß §§ 20, 20 b Abs. 1 UrhG durch zwei unterschiedliche Regelungen zur Gewährleistung einer angemessenen Vergütung der Urheber und weiterer Leistungsschutzberechtigter mit höherrangigem Recht vereinbar ist und in welchem Verhältnis beide Regelungskonzepte zueinander stehen. Rechts- und ordnungspolitisch ist ferner aber auch allgemein die Sinnhaftigkeit einer Sonderbestimmung im Bereich der Kabelweitersendung, die sich bei den Verhandlungen über einen

---

[237] § 78 Abs. 4 UrhG.

[238] § 94 Abs. 4 UrhG. Entsprechendes gilt gemäß § 95 UrhG für den Hersteller von Laufbildern.

[239] Vgl. zur damaligen Diskussion Begr. des RegE zum 4. Urheberrechtsänderungsgesetz, S. 11; *Nordemann*, in: Fromm/Nordemann, UrhG, 9. Aufl. 1998, § 20 b Rn. 2; *Gounalakis*, NJW 1999, 545 (547); *Hillig*, UFITA 138 (1999), 5 (26); *Lutz*, ZUM 1998, 622 (625); *Schwarz*, ZUM 1995, 687 (690).

[240] *Gounalakis/Mand*, Kabelweiterleitung und urheberrechtliche Vergütung, 2003, S. 40 ff.; *Mand*, ZUM 2003, 812 ff.; *Conrad*, GRUR 2003, 561 ff.; *Ehrhardt*, ZUM 2004, 300 ff.

neuen Kabelglobalvertrag als eines der größten Hindernisse für eine Einigung erwiesen hat[241], kritisch zu betrachten.

Die hierüber geführten Diskussionen in der Rechtswissenschaft und Praxis sind durch zahlreiche Unklarheiten über die Auslegung und Tragweite des Vergütungsanspruchs gekennzeichnet. So ist bereits streitig, welche Sachverhalte § 20 b Abs. 2 UrhG erfasst. Darüber hinaus besteht auch keine Einigkeit über die dogmatischen Grundlagen des § 20 b Abs. 2 UrhG und dessen Einordnung in das System des Urheberrechts. Als besonders problematisch erweist sich das Verhältnis des Verbotsrechts gemäß §§ 20, 20 b Abs. 1 UrhG zu § 20 b Abs. 2 UrhG und konkret die Frage, welchen Einfluss vertragliche Vergütungen für die Einräumung der Rechte aus §§ 20, 20 b Abs. 1 UrhG auf den gesetzlichen Anspruch auf angemessene Vergütung gemäß § 20 b Abs. 2 UrhG haben.

Ohne Klarheit über diese Grundfragen des § 20 b Abs. 2 UrhG ist eine fundierte Einschätzung des Vergütungsanspruchs in rechtlicher wie in rechtspolitischer Hinsicht jedoch nicht möglich. Bevor der gesetzliche Vergütungsanspruch bewertet und auf das Konkurrenzverhältnis zwischen § 20 b Abs. 2 UrhG und den neuen vertraglichen Korrekturansprüchen gemäß §§ 32 ff. UrhG eingegangen werden kann, sind daher die aufgeworfenen Fragen im Zusammenhang mit der Auslegung und dogmatischen Verankerung des § 20 b Abs. 2 UrhG näher zu betrachten.

A) Entstehungsgeschichte

Der gesetzliche Vergütungsanspruch gemäß § 20 b Abs. 2 UrhG wurde zusammen mit § 20 b Abs. 1 UrhG anlässlich der Umsetzung der Satelliten- und Kabelrichtlinie durch das 4. Urheberrechtsänderungsgesetz vom 8.5.1998[242] in das UrhG eingefügt. Während die in § 20 b Abs. 1 S. 1 UrhG geregelte Verwertungsgesellschaftspflichtigkeit des Weitersenderechts – sieht man von der Ausdehnung auch auf die inländischen Programme ab – und die Ausnahme gemäß § 20 b Abs. 2 UrhG für Sendeunternehmen im Wesentlichen auf den Vorgaben

---

[241] Vgl. Teil 1 B II. Im Nachgang zu den Verhandlungen über den Kabelglobalvertrag deutet sich an, dass der nicht ausgeräumte Dissenz über die Abgeltung etwaiger Ansprüche aus § 20 b Abs. 2 UrhG in ein streitiges Verfahren zwischen der ARGE Kabel und der VG Media bzw. den Kabelbetreibern einmünden wird.

[242] BGBl. 1998 I, S. 902.

der Richtlinie beruhen[243], findet § 20 b Abs. 2 UrhG in der Richtlinie keine Grundlage. Dies räumt auch der Gesetzgeber ein:

„Allerdings ist festzuhalten, dass die vorliegende Richtlinie 93/83/EWG – anders als die Richtlinie 92/100/EWG zum Vermiet- und Verleihrecht und zu bestimmten verwandten Schutzrechten – keinen unverzichtbaren Vergütungsanspruch des Urhebers im Fall der Einräumung des ausschließlichen Rechts an den Produzenten bzw. das Sendeunternehmen vorschreibt."

Gleichwohl hielt der Gesetzgeber eine „urhebervertragsrechtliche Flankierung"[244] des neu geregelten Kabelweitersenderechts durch einen gesetzlichen, nur von Verwertungsgesellschaften geltend zu machenden Vergütungsanspruch für gerechtfertigt. Die Kabelweitersendung stelle ein klassisches Zweitverwertungsrecht dar, das in den Aufgabenbereich der kollektiven Wahrnehmung durch Verwertungsgesellschaften falle[245]. Es sei deshalb konsequent, neben der in der Satelliten- und Kabelrichtlinie angeordneten Verwertungsgesellschaftspflichtigkeit der Kabelweitersendung „einige Grundsätze der Vergütung für die Zweitverwertung in der Form der Kabelweitersendung festzulegen"[246].

Die vom Gesetzgeber bei der Neuregelung des § 20 b Abs. 2 UrhG zugrunde gelegte Annahme, die Kabelweitersendung sei ein typisches Zweitverwertungsrecht, erweist sich indessen – wie bereits dargelegt – als problematisch[247]. Jedenfalls lassen sich entgegen der Gesetzesbegründung aus der Satelliten- und Kabelrichtlinie keine Hinweise ableiten, die für eine die Verwertungsgesellschaftspflicht ergänzende urhebervertragsrechtliche Ausgestaltung des Kabelweitersenderechts nach dem Vorbild typischer Zweitverwertungsrechte sprechen[248].

Die einschlägigen Richtlinienbestimmungen zur Verwertungsgesellschaftspflichtigkeit dienen nur zur Erleichterung des Rechteerwerbs bei grenzüber-

---

243 Zu sprachlichen Anpassungen an die Begriffe des deutschen Rechts vgl. die Begr. zum 4. UrhGÄndG, BT-Drs. 13/4796, S. 12 f.

244 Begr. zum 4. UrhGÄndG, BT-Drs. 13/4796, S. 13.

245 Begr. zum 4. UrhGÄndG, BT-Drs. 13/4796, S. 10.

246 Begr. zum 4. UrhGÄndG, BT-Drs. 13/4796, S. 10.

247 Eingehend zu den Bedenken gegen eine Qualifizierung des Kabelweitersenderechts als Zweitverwertungsrecht oben Teil 2 B III.

248 So aber die Begr. zum 4. UrhGÄndG, BT-Drs. 13/4796, S. 10: „Der Entwurf greift die Hinweise der Richtlinie zu den urhebervertragsrechtlichen Aspekten der Harmonisierung des Rechts der (...) Kabelweitersendung auf."

schreitenden Kabelweitersendevorgängen[249]. Das Ausschließlichkeitsrecht des Urhebers an sich lässt die Richtlinie aber ebenso wie den Grundsatz der vertraglichen Rechteeinräumung unberührt. Selbst die Verwertungsgesellschaftspflichtigkeit ordnet die Richtlinie wird nur insoweit an, als die Kabelweitersendung durch Außenseiter behindert werden könnte. Dementsprechend sind die Rechte der Sendeunternehmen gemäß Art. 10 Satelliten- und Kabelrichtlinie generell von der Verwertungsgesellschaftspflicht ausgenommen. Dies gilt unabhängig davon, ob es sich um eigene Rechte des Sendeunternehmens handelt oder um Rechte, die dem Sendeunternehmen von den Urhebern oder Inhabern anderer verwandter Schutzrechte eingeräumt wurden. Für die Annahme des Gesetzgebers, die Richtlinie betrachte das Weitersenderecht als typisches Zweitverwertungsrecht und impliziere eine entsprechende Ausgestaltung des Rechts in vertrags- und vergütungsrechtlicher Hinsicht, fehlt daher jeder Anhalt.

Die Erwartung des Gesetzgebers, andere Mitgliedstaaten könnten dem Vorbild Deutschlands folgen und im Zuge der Umsetzung der Satelliten- und Kabelrichtlinie ebenfalls ergänzende gesetzliche Vergütungsansprüche statuieren, hat sich in jedem Fall nicht erfüllt. Die Regelung des § 20 b Abs. 2 UrhG ist vielmehr innerhalb der EU und – soweit ersichtlich – auch weltweit singulär geblieben.

B) Anwendungsbereich

I. Aktivlegitimation

Der gesetzliche Vergütungsanspruch aus § 20 b Abs. 2 UrhG gilt unmittelbar für Urheber. Darüber hinaus ordnet § 78 Abs. 4 UrhG eine entsprechende Anwendung für ausübende Künstler an. Schließlich können auch Filmhersteller gemäß § 94 Abs. 4 UrhG Ansprüche aus § 20 b Abs. 2 UrhG geltend machen. Diese Regelung war im Regierungsentwurf zunächst nicht enthalten[250]. Der Gesetzgeber sah es aufgrund des im Wesentlichen mittelständischen Charakters der in Deutschland tätigen Filmhersteller und der sich daraus ergebenden unterlegenen Verhandlungsstellung gegenüber den Sendeunternehmen aber als sachgerecht an, nicht nur § 20 b Abs. 1 UrhG, sondern auch § 20 b Abs. 2 UrhG auf Film-

[249] Erwägungsgründe 3, 8 ff., 28, 33.
[250] Begr. des RegE zum 4. Urheberrechtsänderungsgesetz, BT-Drs. 13/4796, S. 15.

hersteller für anwendbar zu erklären und den Regierungsentwurf entsprechend abzuändern. So heißt es in der Beschlussempfehlung des Rechtsausschusses[251]:

„Deren Position [scil.: die Position der mittelständischen Filmhersteller] ist zwar nicht so schwach wie die der Urheber und ausübenden Künstler. Allerdings sind auch sie gegenüber den Sendeanstalten regelmäßig in einer schwächeren Position, so dass die für die vom Ausschuss vorgenommene Ergänzung des § 20 b Abs. 2 maßgeblichen Gründe in ähnlicher Weise gelten."

Nicht anspruchsberechtigt sind hingegen Tonträgerhersteller[252] und Sendeunternehmen selbst. Dabei ist unerheblich, ob Sendeunternehmen, soweit sie Filmhersteller im Sinne von § 94 UrhG sind, grundsätzlich auch die Rechte aus § 94 UrhG erwerben[253] oder ob dies – wie von der h.A. angenommen[254] – durch § 87 Abs. 3 UrhG generell oder zumindest regelmäßig ausgeschlossen wird. Jedenfalls können den Sendeunternehmen nicht über § 94 Abs. 4 UrhG Ansprüche aus § 20 b Abs. 2 UrhG zustehen. Denn § 20 b Abs. 2 UrhG soll gerade die unangemessene Vergütungspraxis der Sendeunternehmen gegenüber den in ihrer Verhandlungsposition schwächeren Urhebern und Leistungsschutzberechtigten ausgleichen. Dann können die Sendeunternehmen nicht selbst eigene Ansprüche aus § 20 b Abs. 2 UrhG geltend machen.

II. Erfasste Sachverhalte

Gemäß § 20 b Abs. 2 UrhG hat das Kabelunternehmen dem Urheber eine angemessene Vergütung für die Kabelweitersendung zu zahlen, *wenn der Urheber das Recht der Kabelweitersendung einem Sendeunternehmen oder einem Tonträger- oder Filmhersteller eingeräumt hat.* Nach dem Wortlaut besteht der gesetzliche Vergütungsanspruch also nur in Fällen, in denen die Urheber bzw. die

---

[251] BT-Drs. 13/9857, S. 2 und 4.
[252] Vgl. § 85 Abs. 4 UrhG.
[253] So *Flechsig*, GRUR 1980, 1046 (1051); *Stolz*, GRUR 1986, 859 (861).
[254] *Katzenberger*, in: Schricker, UrhG, 2. Aufl. 1999, § 94 Rn. 30 f.; *Manegold*, in: Wandtke/Bullinger, UrhG, 2002, § 94 Rn. 75 ff.; *Schack*, GRUR 1985, 197 (200); *Loewenheim*, GRUR 1998, 513 (520), vgl. auch *Hoeren/Veddern*, UFITA Schriftenreihe, Band I 2002, 7 (23 ff.).

genannten Leistungsschutzberechtigten ihre Rechte an der Kabelweitersendung vertraglich an das Sendeunternehmen oder den Film- bzw. Tonträgerhersteller übertragen haben[255]. Nach teilweise vertretener Ansicht soll darüber hinaus aber auch dann ein Vergütungsanspruch entstehen können, wenn das Weitersenderecht einem anderen Verwerter, etwa einem Verlag oder einer Agentur, mit der Befugnis zur Weiterübertragung eingeräumt wurde. Denn auch in derartigen Sachverhalten sei eine angemessene Vergütung für die Weitersenderechte besonders zu gewährleisten[256].

Diese Ausweitung des Wortlauts begegnet jedoch Bedenken. Der Gesetzgeber hat § 20 b Abs. 2 UrhG explizit im Hinblick auf die Vergütungspraxis der Sendeunternehmen, Film- und Tonträgerhersteller geschaffen[257]. Die Entstehungsgeschichte spricht also gegen eine erweiternde Anwendung des Vergütungsanspruchs in Fällen, in denen die Kabelweitersenderechte einem anderen Verwerter eingeräumt wurden[258]. Darüber hinaus stellen die neuen vertraglichen Korrekturansprüche gemäß §§ 32, 32 a UrhG in solchen Fällen im Rahmen des jeweiligen Vertragsverhältnisses eine angemessene Vergütung sicher[259]. Sie werden den betreffenden, eher untypischen Fallgestaltungen damit besser gerecht. Im Übrigen ist die Vorschrift des § 20 b Abs. 2 UrhG in ihrer Regelungskonzeption als solche höchst fragwürdig. Sie führt zu dogmatischen Friktionen und großen praktischen Anwendungsschwierigkeiten[260]. Man sollte den Vergütungs-

---

255 Für Filmhersteller sollte die Vorschrift vor dem Hintergrund der Entstehungsgeschichte der Verweisungsnorm in § 94 Abs. 4 UrhG, vgl. oben Teil 3 B I, aber nur dann entsprechend geltend, wenn diese die Rechte einem Sendeunternehmen eingeräumt haben. Im Verhältnis zu Tonträgerherstellern, jedenfalls aber im Verhältnis zu anderen Filmherstellern besteht dagegen keine typisierbare, strukturelle Unterlegenheit der Verhandlungsposition, welche die analoge Anwendung des § 20 b Abs. 2 UrhG gemäß § 94 Abs. 4 UrhG rechtfertigen könnte.

256 *V. Ungern-Sternberg*, in: Schricker, UrhG, 2. Aufl. 1999, § 24 Rn. 24.

257 Begr. des RegE zum 4. Urheberrechtsänderungsgesetz, BT-Drs. 13/4796, S. 10. Zum Regelungszweck des § 20 b Abs. 2 UrhG vgl. auch unten Gliederungspunkt C II.

258 Wenig Sinn ergäbe eine entsprechende Erweiterung des Wortlauts im Übrigen für die Rechte der Filmhersteller aus §§ 94 Abs. 4, 20 b Abs. 2 UrhG.

259 Näher zur Anwendbarkeit der §§ 32 f. UrhG auf Nutzungsverträge über Kabelweitersenderechte unten Gliederungspunkt D.

260 Ausführlich unten Gliederungspunkte D VII und E.

anspruch deshalb nicht auch noch über den Wortlaut hinaus erweiternd ausgelegen.

Erst recht ist es abzulehnen, einen Anspruch aus § 20 b Abs. 2 UrhG auch dann zuzuerkennen, wenn der Urheber sein Kabelweitersenderecht nicht vertraglich einem Werkverwerter eingeräumt, sondern für sich behalten[261] bzw. direkt einer Verwertungsgesellschaft übertragen hat[262]. In derartigen Fällen ist der einzelne Urheber bereits durch die kollektive Wahrnehmung seines Rechts geschützt. Die angemessene Beteiligung an der Werknutzung ist gewährleistet. Ein ergänzender Anspruch auf angemessene Vergütung ist daher weder erforderlich noch gerechtfertigt. Dies hat auch der Gesetzgeber in der Gesetzesbegründung hervorgehoben:

„Wo das Recht der Kabelweitersendung, (...), derzeit kollektiv verwaltet wird, erhält der Urheber bereits jetzt eine angemessene Vergütung."[263] Der Gesetzgeber hat die Vorschrift dementsprechend explizit als „urhebervertragsrechtliche Flankierung" des Kabelweitersenderechts auf Fallgestaltungen begrenzt, in denen die Nutzungsrechte vertraglich einem Sendeunternehmen oder Tonträger- oder Filmehrsteller eingeräumt wurden[264]. Damit scheidet eine Anwendung des § 20 b Abs. 2 UrhG aus, wenn der Urheber die Nutzungsrechte für sich behalten bzw. einer Verwertungsgesellschaft übertragen hat.

C) Dogmatische Einordnung

§ 20 b Abs. 2 UrhG nimmt unter den zahlreichen gesetzlichen Vergütungsansprüchen des Urheberrechts eine Sonderstellung ein. Diese werden – sieht man

[261] In diesem Fall gilt die Verwertungsgesellschaft, die Rechte dieser Art wahrnimmt, gemäß § 13 b Abs. 3 UrhWG als berechtigt, seine Rechte wahrzunehmen. Es handelt sich hierbei um eine unwiderlegliche Fiktion, *Schulze*, in: Dreier/Schulze, UrhG, 2004, § 13 b Rn. 22. Im Verhältnis zu der Verwertungsgesellschaft, die eine Vereinbarung über die Kabelweitersenderechte getroffen hat, hat der Urheber dann nach § 13 Abs. 4 UrhWG dieselben Rechte, wie wenn er ihr seine Rechte zur Wahrnehmung übertragen hätte.
[262] *Dreier*, in: Dreier/Schulze, UrhG, 2004, § 20 b Rn. 15.
[263] Begr. des RegE zum 4. Urheberrechtsänderungsgesetz, BT-Drs. 13/4796, S. 13.
[264] Auch dann ist der Anspruch aber gemäß § 20 b Abs. 2 S. 4 UrhG ausgeschlossen, wenn die Vergütung zwischen Sendeunternehmen und Urhebern tarifvertraglich oder in Betriebsvereinbarungen geregelt ist, vgl. dazu unten Gliederungspunkt D I.

von der § 20 b Abs. 2 UrhG ähnlichen Bestimmung des § 27 Abs. 1 UrhG ab[265] – durchgängig als Ausgleich für Einschränkungen des Ausschließlichkeitsrechts der Urheber bzw. der Inhaber verwandter Schutzrechte[266] oder als Ausdruck eigenständiger sonstiger Rechte bei Erschöpfung des Verbotsrechts[267] gewährt. Die gesetzlichen Vergütungsansprüche tragen damit dem Umstand Rechnung, dass der Urheber infolge der Einschränkungen seines Verbotsrechts nicht mehr die Möglichkeit hat, eine Verwertung des zugrunde liegenden Werkes zu untersagen und – gestützt auf dieses Verbotsrecht – vertraglich eine Vergütung für die Erlaubnis zur Werknutzung auszuhandeln[268]. Dagegen tritt der Vergütungsanspruch aus § 20 b Abs. 2 UrhG neben das uneingeschränkt weiter bestehende Verbotsrecht gemäß §§ 20, 20 b Abs. 1 UrhG. Diese Besonderheit führt zu erheblichen Schwierigkeiten bei der dogmatischen Einordnung des gesetzlichen Vergütungsanspruchs.

Der Gesetzgeber selbst sieht in dem Vergütungsanspruch aus § 20 b Abs. 2 UrhG eine urhebervertragsrechtliche Norm bzw. eine Vorschrift, die das Kabelweitersenderecht gemäß §§ 20, 20 b Abs. 1 UrhG in „urhebervertragsrechtlicher

[265] Der Anspruch des Urhebers gegen den Vermieter gemäß § 27 Abs. 1 UrhG, an dem sich der Gesetzgeber bei der Formulierung des § 20 b Abs. 2 UrhG orientierte, diente allerdings ursprünglich dazu, den Urheber an der Werknutzung zu beteiligen, obwohl das Vermietrecht gemäß § 17 Abs. 2 UrhG a.F. mit der Veräußerung des Werkes erschöpft war. Der Anspruch entsprach bei seiner Entstehung also durchaus den übrigen gesetzlichen Vergütungsansprüchen, vgl. dazu *Dreier*, in: Schulze/Dreier, UrhG, 2004, § 27 Rn. 10. Erst durch das Dritte Gesetz zur Änderung des Urheberrechtsgesetzes v. 23.6.1995 wurde das Vermietrecht in einem umfassenden Sinne als Verbotsrecht ausgestaltet. Seit diesem Zeitpunkt bestehen Verbotsrecht und Vergütungsanspruch – wie bei § 20 b Abs. 1 und 2 UrhG – nebeneinander. Kritisch dazu *Dreier*, in: Dreier/Schulze, UrhG, 2004, § 20 b Rn. 14.

[266] Vgl. zu den allgemeinen Schranken des Urheberrechts gemäß §§ 44 a ff. UrhG, den Sonderbestimmungen für Datenbankwerke gemäß § 55 a UrhG und Computerprogramme gemäß §§ 69 d-e UrhG sowie den Regelungen zu den verwandten Schutzrechten *Dreier*, in: Schulze/Dreier, UrhG, 2004, Vor §§ 44 a ff. Rn. 1 f.

[267] Zu nennen ist hier insbesondere der Vergütungsanspruch für das Verleihen gemäß § 27 Abs. 2 UrhG aber auch die Folgerechte gemäß § 26 UrhG, die sich aus dem Zusammenhang mit der Erschöpfung des Verbreitungsrechts gemäß § 17 Abs. 2 UrhG ergeben.

[268] In diesem Sinne bildet das Ausschließlichkeitsrecht der Urheber und sonstigen Leistungsschutzberechtigten im Normalfall die Grundlage des urheberrechtlichen Vergütungssystems. Es enthält wirtschaftlich gesehen damit einen vermögensrechtlichen Zuweisungsgehalt, der die angemessene Beteiligung der Urheber und Leistungsschutzberechtigten an der Werkverwertung sicherstellen soll, vgl. insoweit zu den Rechten aus §§ 20, 20 b Abs. 1 und § 87 Abs. 1 UrhG *Schulze*, in: Dreier/Schulze, UrhG, 2004, § 13 b UrhWG, Rn. 23; *Gounalakis/Mand*, Kabelweiterleitung und urheberrechtliche Vergütung, 2003, S. 38 m.w.N.

Hinsicht flankiert“[269]. Dies entspricht letztlich auch dem erklärten Zweck der Bestimmung, einen Ausgleich für unangemessen niedrige vertragliche Vergütungen für die Einräumung des Kabelweitersenderechts gemäß §§ 20, 20 b Abs. 1 UrhG zu schaffen[270]. Dessen ungeachtet überzeugt die Einordnung des § 20 b Abs. 2 UrhG als urhebervertragsrechtliche Vorschrift dogmatisch nur bedingt.

Zwar setzt der Vergütungsanspruch voraus, dass der Urheber sein Verwertungsrecht einem Sendeunternehmen oder Tonträger- oder Filmhersteller eingeräumt hat. Trotz dieser vertraglichen Beziehungen des Urhebers zum Sendeunternehmen richtet sich der Zahlungsanspruch aber nicht gegen das Sendeunternehmen, sondern gegen einen Dritten, nämlich das Kabelunternehmen. Letztlich statuiert § 20 b Abs. 2 S. 1 UrhG somit einen ergänzenden gesetzlichen Vergütungsanspruch, der sich von den vertraglichen Beziehungen zwischen dem Anspruchsberechtigten und Anspruchsverpflichteten löst. Dies lässt sich dogmatisch nur damit begründen, dass § 20 b Abs. 2 UrhG unmittelbar an das Recht der Kabelweitersendung anknüpft[271]. Nicht die vertragliche Vereinbarung an sich, sondern die vom Senderecht des Urhebers erfasste Nutzungshandlung löst also die Vergütungspflicht aus. Man kann § 20 b Abs. 2 UrhG daher als einen aus dem Urheberrecht fließenden vermögensrechtlichen Anspruch eigener Art bezeichnen[272]. Seiner Rechtsnatur nach handelt es sich gleichwohl nur um einen rein schuldrechtlichen Anspruch, nicht um ein Verwertungsrecht im Sinne des § 15 UrhG[273]. Denn der Anspruch besteht gerade und nur dann, wenn der Urheber

---

[269] Begr. des RegE zum 4. Urheberrechtsänderungsgesetz, BT-Drs. 13/4796, S. 10, 13.

[270] Begr. des RegE zum 4. Urheberrechtsänderungsgesetz, BT-Drs. 13/4796, S. 10 f.

[271] *V. Ungern-Sternberg*, in: Schricker, UrhG, 2. Aufl. 1999, § 20 Rn. 22; *Gounalakis/Mand*, Kabelweiterleitung und urheberrechtliche Vergütung, 2003, S. 41

[272] So für den ähnlich ausgestalteten Anspruch gegen den Vermieter aus § 27 Abs. 1 UrhG BGH, GRUR 1986, 736 (738) – Schallplattenvermietung; *Schulze*, in: Dreier/Schulze, UrhG, 2004, § 27 Rn. 10.

[273] Begr. zum 4. UrhGÄndG, BT-Drs. 13/4796, S. 10 a.E.: Der Gesetzentwurf verfolge mit § 20 b Abs. 2 UrhG das Ziel, „gleichzeitig mit der Einführung neuer materieller Befugnisse eine urhebervertragsrechtliche Ergänzung“ vorzusehen. Vgl. zur parallel gelagerten Vorschrift des § 27 Abs. 1 UrhG auch *Schulze*, in: Dreier/Schulze, UrhG, 2004, § 27 Rn. 10; *Loewenheim*, in: Schricker, UrhG, 2. Aufl. 1999, § 27 Rn. 7. Undeutlich demgegenüber *v. Ungern-Sternberg*, in: Schricker, UrhG, 2. Aufl. 1999, § 20 Rn. 22, der § 20 b Abs. 2 UrhG nicht als urhebervertragsrechtliche Regelung, sondern als einen „aus dem dinglichen Recht folgenden gesetzlicher Vergütungsanspruch“ bezeichnet. A.A. wohl *Dreier*, in: Dreier/Schulze, UrhG, 2004, § 20 b Rn. 14, 17 „Verdopplung von Verbotsrecht und Vergütungsanspruch“; *Hoeren/Veddern*, UFITA Schriftenreihe, Band I 2002, 7 (8) „originär vergütungspflichtiges Verwertungsrecht“.

sein Weitersenderecht bereits einem Sendeunternehmen oder Tonträger- bzw. Filmhersteller eingeräumt hat.

Zumindest missverständlich ist es insoweit, wenn teilweise von einer Einräumung von Rechten gemäß § 20 b Abs. 2 UrhG die Rede ist. Die Ansprüche aus Nutzungsverträgen über die Rechte gemäß §§ 20, 20 b Abs. 1 UrhG und der Vergütungsanspruch aus § 20 b Abs. 2 UrhG gelten keine verschiedenartigen Verwertungsrechte des Urhebers ab. Vielmehr ist das Kabelweitersenderecht gemäß §§ 20, 20 b Abs. 1 UrhG gemeinsamer Bezugspunkt für die vertraglichen Ansprüche des Urhebers gegen Sendeunternehmen, Film- und Tonträgerhersteller und für den gesetzlichen Vergütungsanspruch aus § 20 b Abs. 2 UrhG[274]. § 20 b Abs. 2 UrhG korrigiert lediglich eine aus Sicht des Gesetzgebers häufig unzureichende Vergütung der Weitersenderechte durch die Sendeunternehmen und Tonträger- bzw. Filmhersteller mit Hilfe eines diese Verbotsrechte ergänzenden, schuldrechtlichen Anspruchs gegen das Kabelunternehmen[275].

Die Einschätzung des Gesetzgebers, bei § 20 b Abs. 2 UrhG handele es sich um eine urhebervertragsrechtliche Flankierung des Kabelweitersenderechts, beschreibt somit – ungeachtet der Qualifikation der Vorschrift als gesetzliche Anspruchsnorm – ein wesentliches Merkmal der Bestimmung zutreffend: § 20 b Abs. 2 UrhG steht als Vergütungsanspruch zum Ausgleich unangemessen niedriger Vergütungen für die Einräumung des Kabelweitersenderechts in einem unmittelbaren und untrennbaren Zusammenhang zum Urhebervertragsrecht. Der Umstand, dass der Anspruch gegen eine Person gerichtet ist, die mit dem Anspruchsteller selbst nicht unmittelbar in einer vertraglichen Beziehung steht, ändert daran nichts. Vielmehr sieht auch das neue Urhebervertragsrecht gemäß § 32 a Abs. 2 UrhG in bestimmten Fällen einen gesetzlichen Vergütungsanspruch des Urhebers gegen einen Dritten vor[276].

Darüber hinaus findet § 20 b Abs. 2 UrhG dogmatisch und konzeptionell eine sehr weitgehende Parallele in einem Vorentwurf zur Neuregelung des Urheber-

---

[274] Vgl. allgemein zur Rechtsnatur gesetzlicher Vergütungsansprüche, die sämtlich das Bestehen eines Urheberrechts voraussetzen, *Ulmer-Eilfort*, US-Filmproduzenten und deutsche Vergütungsansprüche, 1993, S. 61; *Hoeren/Veddern*, UFITA Schriftenreihe, Band I 2002, 7 (8).

[275] Ebenso *Ehrhardt*, in: Wandtke/Bullinger, UrhG, 2002, §§ 20-20 b Rn. 25, 30 („gesetzlicher Vergütungsergänzungsanspruch").

[276] Vgl. zur Rechtsnatur des § 32 a Abs. 2 UrhG *Wandtke/Grunert*, in: Wandtke/Bullinger, UrhG, 2002, § 32 a Rn. 36; *Mand*, ZUM 2003, 812 (816); *Ory*, AfP 2002, 93 (100); *Schmidt*, ZUM 2002, 781 (787).

vertragsrechts. § 32 Abs. 1 des am 31.5.2001 vom Kabinett verabschiedeten Entwurfs eines Gesetzes zur Stärkung der vertraglichen Stellung von Urhebern und ausübenden Künstlern[277]enthielt ebenfalls einen allgemeinen gesetzlichen Anspruch der Urheber auf angemessene Vergütung für jede Werknutzung, der nach der Gesetzesbegründung selbständig neben etwaige vertragliche Ansprüche treten sollte[278]. Wie § 20 b Abs. 2 UrhG war die Bestimmung unverzichtbar und im Voraus nur an Verwertungsgesellschaften abtretbar. Passivlegitimiert sollte der jeweilige Nutzer sein, unabhängig davon, ob er selbst mit dem Urheber in vertraglichen Beziehungen stand oder nicht[279].

Der Entwurf des § 32 Abs. 1 UrhG wurde von Seiten der Medienwirtschaft, aber auch in der Rechtswissenschaft zu Recht massiv kritisiert[280]. Gegen die Regelung sprachen vor allem zwei Gesichtspunkte: Zum einen war einzuwenden, dass ein selbständiger gesetzlicher Vergütungsanspruch des Urhebers gegen den Werknutzer die Privatautonomie im Bereich des Urhebervertragsrechts faktisch weitgehend aufgehoben hätte[281]. Zum anderen hätte die Vorschrift wegen des unklaren Verhältnisses zwischen dem gesetzlichen, unverzichtbaren Vergütungsanspruch und den vertraglichen Vergütungsabreden die Rechtssicherheit erheblich beeinträchtigt[282]. Besondere praktische Schwierigkeiten waren vor allem bei der Einräumung weiterer Nutzungsrechte bzw. bei der Übertragung der Nutzungsrechte durch den ursprünglichen Lizenznehmer zu besorgen[283], also in

[277] BT-Drs. 14/6433, S. 1 ff.

[278] Begr. zum Kabinettsentwurf eines Gesetzes zur Stärkung der vertraglichen Stellung von Urhebern und ausübenden Künstlern vom 30.5.2001, BT-Drs. 14/6433, S. 12, 14.

[279] Begr. zum Kabinettsentwurf eines Gesetzes zur Stärkung der vertraglichen Stellung von Urhebern und ausübenden Künstlern vom 30.5.2001, BT-Drs. 14/6433, S. 12 ff.

[280] *Gounalakis*, in: Gounalakis/Heinze/Dörr, Urhebervertragsrecht, 2001, S. 69 ff. Besonders prononciert auch *Schack*, ZUM 2001, 453 ff.; *Flechsig*, ZUM 2000, 484 ff.

[281] *Gounalakis*, in: Gounalakis/Heinze/Dörr, Urhebervertragsrecht, 2001, S. 11 (69 ff.); *Ritgen*, JZ 2002, 114 ff.; *Schack*, GRUR 2002, 853 (853); *ders.* ZUM 2001, 453 ff., die in der Regelung sogar einen Verstoß gegen die Privatautonomie sahen. Vgl. auch die Stellungnahme des Bundesrates zum Entwurf eines Gesetzes zur Stärkung der vertraglichen Stellung von Urhebern und ausübenden Künstlern v. 13.7.2001, BR-Drs. 404/01.

[282] Stellungnahme des Bundesrates zum Entwurf eines Gesetzes zur Stärkung der vertraglichen Stellung von Urhebern und ausübenden Künstlern v. 13.7.2001, BR-Drs. 404/01. Ausführlich *Gounalakis*, in: Gounalakis/Heinze/Dörr, Urhebervertragsrecht, 2001, S. 72 ff.; *Schack*, GRUR 2002, 853 (853); *ders.* ZUM 2001, 453 ff.

[283] *Gounalakis*, in: Gounalakis/Heinze/Dörr, Urhebervertragsrecht, 2001, S. 73 ff.; *Schaefer*, ZUM 2001, 315 (316). Vgl. auch die Stellungnahme des Bundesrates zum Entwurf eines Ge-

der Fallkonstellation, die § 20 b Abs. 2 UrhG regelt. Letztlich ist der Gesetzgeber angesichts der Kritik von dem im Entwurf vorgesehenen Konzept eines allgemeinen gesetzlichen Anspruchs auf angemessene Vergütung wieder abgerückt. Den Anspruch aus § 20 b Abs. 2 UrhG hat er dagegen nicht aufgehoben. Im Rahmen dieser Bestimmung stellt sich damit weiterhin die schwierige Frage, welchen Einfluss vertragliche Vergütungszahlungen auf den gesetzlichen Vergütungsanspruch haben.

D) Verhältnis zur vertraglichen Vergütung

Eine ausdrückliche Regelung darüber, wie sich etwaige Vergütungen des Urhebers aus dem Vertragsverhältnis zum Sendeunternehmen auf den gesetzlichen Vergütungsanspruch gegen das Kabelunternehmen auswirken, enthält § 20 b Abs. 2 UrhG nicht. Hieraus lässt sich jedoch nicht schließen, dass die vertraglichen Vergütungen für die Bemessung des Anspruchs aus § 20 b Abs. 2 UrhG ohne Bedeutung sind[284]. Eine solche Annahme wäre mit der Systematik der Vorschrift ebenso unvereinbar wie mit deren Ratio und Entstehungsgeschichte.

I. Regelung des § 20 b Abs. 2 S. 4 UrhG

Ein wesentlicher Hinweis für die Notwendigkeit, die vertraglich gezahlten Vergütungen bei der Bemessung der angemessenen Vergütung gemäß § 20 b Abs. 2 UrhG in Ansatz zu bringen, ergibt sich in systematischer Hinsicht bereits aus der Ausnahmevorschrift des § 20 b Abs. 2 S. 4 UrhG. Danach steht der gesetzliche Vergütungsanspruch der Urheber und ausübenden Künstler gegen das Kabelunternehmen Tarifverträgen und Betriebsvereinbarungen von Sendeunternehmen nicht entgegen, soweit dadurch dem Urheber eine angemessene Vergütung für die Kabelweitersendung eingeräumt wird. Dies kann nur so verstanden werden, dass der gesetzliche Vergütungsanspruch generell nicht entsteht und damit von Verwertungsgesellschaften auch nicht geltend gemacht werden kann, wenn der

---

setzes zur Stärkung der vertraglichen Stellung von Urhebern und ausübenden Künstlern v. 13.7.2001, BR-Drs. 404/01, Ziff. 4.

[284] So aber eine offenbar verbreitete, wenngleich nicht explizit dokumentierte Meinung. Für eine Berücksichtigung dagegen *Dreier*, in: Dreier/Schulze, UrhG, 2004, § 20 b Rn. 17; *Gounalakis/Mand*, Kabelweiterleitung und urheberrechtliche Vergütung, 2003, S. 47 ff.; *Mand*, ZUM 2003, 812 (813 f.).

Urheber bereits aufgrund eines Tarifvertrags oder einer Betriebsvereinbarung von den Sendeunternehmen eine angemessenen Vergütung für die Kabelweitersendung verlangen kann[285]. Letztlich hat der Gesetzgeber den Anspruch aus § 20 b Abs. 2 UrhG hiermit als Ausfallhaftung konzipiert. Sie greift nur dann ein, wenn die Sendeunternehmen ihre regelmäßig stärkere Verhandlungsposition gegenüber den Urhebern und ausübenden Künstlern ausnutzen können, um unangemessene Vergütungsvereinbarungen durchzusetzen. Dagegen ist der Anspruch ausgeschlossen, wenn eine angemessene Vergütung der Kreativen durch eine gleichstarke Verhandlungsposition der Urheber und ausübenden Künstler bei Kollektivvereinbarungen mit den Sendeunternehmen gewährleistet ist[286].

Entgegen teilweise geäußerter Vermutung[287] ist die praktische Relevanz des § 20 b Abs. 2 S. 4 UrhG damit keineswegs gering. Insbesondere geht die Annahme fehl, die Verwertungsgesellschaften erwürben von den Berechtigten im Wege der Vorausabtretung auch alle künftig erst entstehenden Vergütungsansprüche, so dass spätere Tarifgespräche oder Betriebsvereinbarungen an der Vergütungspflicht nichts mehr ändern könnten[288]. Denn soweit Tarifverträge die Vergütungshöhe regeln, wird deren Angemessenheit gemäß §§ 32 Abs. 2, 36 Abs. 1 S. 3 UrhG unwiderleglich vermutet[289]. Ob Betriebsvereinbarungen den

---

[285] So auch die Beschlussempfehlung des Rechtsausschusses, BT-Drs. 13/9857, S. 4: „Danach gehen Regelungen in Tarifverträgen und Betriebsvereinbarungen vor, soweit sie eine angemessene Vergütung für jede einzelne Kabelweitersendung vorsehen; § 20 b Abs. 1 S. 2 bis 3 greift dann nicht ein.“ Ebenso *v. Ungern-Sternberg*, in: Schricker, UrhG, 2. Aufl. 1999, § 20 b Rn. 29; *Ehrhardt*, ZUM 2004, 300 (302); *Lutz*, ZUM 1998, 622 (625); *Mand*, ZUM 2003, 812 (819). Unklar dagegen etwa *Schulze*, in: Dreier/Schulze, UrhG, 2004, § 13 b UrhWG Rn. 23 nach dem „*der Vergütungsanspruch* auch im Rahmen von Tarifverträgen und Betriebsvereinbarungen von Sendeunternehmen geregelt werden“ kann (Hervorh. v. Verf.). Hiermit kann entgegen dem Kontext sinnvoll nicht der gesetzliche Vergütungsanspruch aus § 20 b Abs. 2 UrhG, sondern nur die vertragliche Vergütung gemeint sein. Denn selbstverständlich sind Sendeunternehmen und Gewerkschaften bzw. Betriebsräte wegen des Verbots von Verträgen zu Lasten Dritter weder in Tarifverträgen noch in Betriebsvereinbarungen in der Lage, Ansprüche gegen die Kabelunternehmen zu regeln.

[286] *Mand*, ZUM 2003, 812 (819). Vgl. auch *Lutz*, ZUM 1998, 622 (624 f.).

[287] *Nordemann*, in: Fromm/Nordemann, UrhG, 9. Aufl. 1998, § 20 b Rn. 2.

[288] *Nordemann*, in: Fromm/Nordemann, UrhG, 9. Aufl. 1998, § 20 b Rn. 2. Vgl. auch *Dreier*, in: Dreier/Schulze, UrhG, 2004, § 20 b Rn. 16.

[289] Begründung eines Gesetzes zur Stärkung der vertraglichen Stellung von Urhebern und ausübenden Künstlern, BT-Drs. 14/6433, S. 15 i. V. m. Einzelbegründung zu Artikel I Zu Nummer 4 (BT-Drs. 14/8058).

Tarifverträgen gleichzustellen sind, erscheint zwar fraglich[290]. Jedenfalls werden die darin vereinbarten Vergütungen, wie von § 20 b Abs. 2 S. 4 UrhG gefordert, in der Regel angemessen sein. Bei Abschluss von Tarifverträgen und Betriebsvereinbarungen entstehen daher gemäß § 20 b Abs. 2 S. 4 UrhG erst gar keine Vergütungsansprüche aus § 20 b Abs. 2 S. 1 UrhG; ihre Geltendmachung durch Verwertungsgesellschaften ist ausgeschlossen[291]. Dementsprechend ist der Abschluss entsprechender kollektiver Vereinbarungen nicht praktisch folgenlos. Vielmehr geht umgekehrt eine etwaige Vorausabtretung von Ansprüchen aus § 20 b Abs. 2 UrhG an die Verwertungsgesellschaften ins Leere.

Im Ergebnis sind für die Festlegung der gemäß § 20 b Abs. 2 UrhG zu zahlenden angemessenen Vergütung somit a priori die Weitersenderechte all derjenigen Urheber auszunehmen, die tarifvertragliche Vergütungen für ihre Rechte erhalten[292]. Gleiches gilt, falls die Vergütung in Betriebsvereinbarungen von Sendeunternehmen geregelt ist. Weitere generelle Ausnahmen erscheinen dagegen problematisch[293]. Die Vorschrift des § 20 b Abs. 2 S. 4 UrhG ist eine Ausnahmebestimmung. Als solche ist sie im Zweifel eng auszulegen und nur eingeschränkt analogiefähig. Gleichwohl sprechen überzeugende Gründe für eine analoge Anwendung des § 20 b Abs. 2 S. 4 UrhG zumindest auf gemeinsame Vergütungsregeln im Sinne des § 36 UrhG.

Der Gesetzgeber hat im Falle von Tarifverträgen und Betriebsvereinbarungen der Sendeunternehmen die Vergütungspflicht gemäß § 20 b Abs. 2 UrhG ausgeschlossen, weil eine angemessene Teilhabe der Urheber an der Nutzung der Weitersenderechte bereits sichergestellt, ein die vertraglichen Vereinbarungen ergänzender gesetzlicher Vergütungsanspruch also nicht erforderlich ist. Entsprechendes muss gelten, wenn andere kollektive Vereinbarungen die Angemessenheit der Vergütung gewährleisten. Dies ist nach dem neuen Urhebervertragsrecht bei den gemeinsamen Vergütungsregeln im Sinne des § 36 UrhG der Fall.

---

[290] Dafür *Wandtke/Grunert*, in: Wandtke/Bullinger, UrhG, 2002, § 36 Rn. 9 mit weiteren Nachweisen zum Streitstand.

[291] Beschlussempfehlung des Rechtsausschusses, BT-Drs. 13/9857, S. 4; *Mand*, ZUM 2003, 812 (819).

[292] Zur Reichweite der tarifvertraglichen Regelungen im Bereich des Rundfunks, insbesondere zu den Voraussetzungen des § 12 a Abs. 1 Nr. 1 TVG in Verbindung mit § 3 TVG vgl. *Ehrhardt*, in: Wandtke/Bullinger, UrhG, 2002, §§ 20-20 b Rn. 29 f.

[293] Dagegen etwa *Ehrhardt*, in: Wandtke/Bullinger, UrhG, 2002, §§ 20-20 b Rn. 29 a.E.

Folgerichtig sollte § 20 b Abs. 2 S. 4 UrhG auch für derartige Vergütungsregeln analog gelten.

Ob § 20 b Abs. 2 S. 4 UrhG nur solche Kabelweitersenderechte vom gesetzlichen Vergütungsanspruch ausnimmt, die von den Sendeunternehmen tarifvertraglich oder aufgrund einer Betriebsvereinbarung vergütet wurden, oder ob in analoger Anwendung der Vorschrift auch gemeinsame Vergütungsregeln für die Sendeunternehmen gemäß § 36 UrhG die Geltendmachung von Ansprüchen nach § 20 b Abs. 2 S. 1 UrhG ausschließen, ist für die grundsätzliche Frage nach der Berücksichtigung vertraglicher Zahlungen bei der Bemessung der Anspruchshöhe letztlich aber ohne Bedeutung. In jedem Fall bestätigt und verdeutlicht § 20 b Abs. 2 S. 4 UrhG die ausschließlich korrigierende Funktion des gesetzlichen Vergütungsanspruchs. Er steht in untrennbarem Zusammenhang zur vertraglichen Vergütung und soll bei einer zu niedrigen Beteiligung der Urheber an der Nutzung ihrer Kabelweitersenderechte die unangemessene Vergütungspraxis der Sendeunternehmen, Film- und Tonträgerhersteller ausgleichen. Dies führt dazu, dass der Anspruch nicht nur in den Fällen des § 20 b Abs. 2 S. 4 UrhG per se ausgeschlossen ist. Vielmehr sind auch im Übrigen bei der *Bemessung* der angemessenen Vergütung bereits geleistete Zahlungen an die Urheber zu berücksichtigen.

II. Entstehungsgeschichte sowie Sinn und Zweck des Vergütungsanspruchs

Die Entstehungsgeschichte und der Regelungszweck des § 20 b Abs. 2 S. 1 UrhG belegen den reinen Korrekturcharakter des gesetzlichen Vergütungsanspruchs. Der Anspruch dient dazu, Äquivalenzstörungen bei urheberrechtlichen Nutzungsverträgen über das Kabelweitersenderecht auszugleichen, die sich aus der wirtschaftlichen und organisatorischen Unterlegenheit der Urheber gegenüber den Sendeunternehmen, Film- und Tonträgerherstellern ergeben. Hierauf verweist der Gesetzgeber in der Gesetzesbegründung wiederholt und besonders prononciert:

„Die angemessene Teilhabe des Urhebers wird jedoch in Frage gestellt, wenn – wie dies vielfach zu beobachten ist – Werkverwerter wie Sendeunternehmen und Filmhersteller, denen bereits ein eigenes Leistungsschutzrecht der Kabelweitersendung zusteht (§§ 87, 94, 95), sich das Recht des Urhebers ohne eine besondere Vergütung zusätzlich einräumen lassen.

Nach der herrschenden Vertragspraxis in bezug auf das Recht der Kabelweitersendung besteht Grund zu der Annahme, daß ohne gesetzliche Maßnahmen der Urheber als die regelmäßig schwächere Vertragspartei nur dann mit einer angemessenen Vergütung rechnen kann, wenn er sein Recht in eine Verwertungsgesellschaft eingebracht hat. Deshalb verfolgt der Entwurf den (...) Weg weiter, gleichzeitig mit der Einführung neuer materieller Befugnisse eine urhebervertragsrechtliche Ergänzung vorzunehmen, die die angemessene Teilhabe des Urhebers an den aus dieser Art der Werknutzung gezogenen wirtschaftlichen Früchten sicherstellt."[294]

Die Gesetzesbegründung bestätigt mithin den Charakter des § 20 b Abs. 2 UrhG als korrigierenden Vergütungsergänzungsanspruch. Die Vorschrift soll eine angemessene Beteiligung „der Kreativen" an den wirtschaftlichen Früchten ihrer Arbeit sicherstellen und beruht damit unmittelbar auf dem urheberrechtlichen Beteiligungsgrundsatz. Dieser Grundsatz ist verfassungsrechtlich durch Art. 14 Abs. 1 GG abgesichert, von der zivilgerichtlichen Rechtsprechung anerkannt[295] und als Gebot materieller Gerechtigkeit unbestritten[296]. Er gewährleistet dem Urheber eine angemessene Kompensation bei jeder Werknutzung. Zugleich ergibt sich daraus aber auch eine Obergrenze für den gesetzlichen Korrekturanspruch[297]: Die Urheber und ausübenden Künstler können gestützt auf § 20 b Abs. 2 UrhG nur insoweit Urheberrechtsvergütungen von den Kabelunternehmen verlangen, als sie für ihre Leistungen insgesamt noch keine angemessene Entlohnung erhalten haben[298]. Denn bei angemessener Vergütung ist der Gesetzeszweck bereits erreicht. Eine weitergehende Vergütung fände in dem Beteiligungsgrundsatz keine Rechtfertigung mehr. Nach der Entstehungsgeschichte und dem Regelungszweck des § 20 b Abs. 2 S. 1 UrhG müssen vertragliche

[294] Begr. des RegE zum 4. UrhÄndG, BT-Drs. 13/4796, S. 10.

[295] Grundlegend BGHZ 11, 135 (143) – Lautsprecherübertragung; BGHZ 17, 266 (282) – Grundig-Reporter.

[296] *Schricker*, in: Schricker, UrhG, 2. Aufl. 1999, Einleitung, Rn. 14 ff. m.w.N.

[297] *Conrad*, GRUR 2003, 561 (565); *Mand*, ZUM 2003, 812 (814). Ähnlich *Charissé*, K&R 2002, 164 (168).

[298] *Gounalakis/Mand*, Kabelweiterleitung und urheberrechtliche Vergütung, 2003, S. 47 ff.; *Mand*, ZUM 2003, 812 (814 f.); *Conrad*, GRUR 2003, 561 (565). Im Ergebnis auch *Dreier*, in: Dreier/Schulze, UrhG, 2004, § 20 b Rn. 17.

Vergütungen, die von den Sendeunternehmen bzw. Filmherstellern für die Weitersenderechte an die Urheber gezahlt wurden, im Rahmen des gesetzlichen Vergütungsergänzungsanspruchs folglich anspruchsmindernd berücksichtigt werden.

III. Vergleich mit dem Regelungskonzept des Gesetzentwurfs zur Stärkung der vertraglichen Stellung der Urheber und ausübenden Künstler vom 30.5.2001

Dieses Verständnis des § 20 b Abs. 2 UrhG korreliert auch mit dem Entwurf eines Gesetzes zur Stärkung der vertraglichen Stellung von Urhebern und ausübenden Künstlern v. 30.5.2001[299]. Wie dargelegt[300], warf der darin vorgesehene und § 20 b Abs. 2 UrhG sehr weitgehend entsprechende gesetzliche Vergütungsanspruch gemäß § 32 Abs. 1 UrhG ebenfalls die Frage auf, in welchem Verhältnis der Vergütungsanspruch zu den vertraglichen Vergütungszahlungen stehen sollte. Die stellte hierzu klar, dass es sich bei § 32 Abs. 1 S. 1 UrhG um einen gesetzlichen Vergütungsanspruch in „Form eines Korrekturanspruchs" handeln sollte, der „sich um den Teil verringert, der nach der vertraglichen Vereinbarung gezahlt wird"[301].

Warum für § 20 b Abs. 2 UrhG, der ebenfalls als Korrekturanspruch zum Ausgleich ungenügender vertraglicher Vergütungszahlungen der Sendeunternehmen an die Urheber und ausübenden Künstler in das Gesetz aufgenommen wurde, etwas anderes gelten soll, leuchtet nicht ein: Hat der Urheber oder Künstler bereits eine angemessene Vergütung von seinem Vertragspartner, dem Sendeunternehmen, erhalten, kann er keine weiteren Ansprüche gegen die Kabelunternehmen auf § 20 b Abs. 2 S. 1 UrhG stützen.

---

[299] BT-Drs. 14/6433, S. 1 ff.

[300] Vgl. Teil 3 C.

[301] Begründung zum Kabinettsentwurf eines Gesetzes zur Stärkung der vertraglichen Stellung von Urhebern und ausübenden Künstlern vom 30.5.2001, BT-Drs. 14/6433, S. 12. Vgl. auch die Einzelerläuterung zu § 32, BT-Drs. 14/4633, S. 14: „Wird aufgrund vertraglicher Vereinbarung eine angemessene Vergütung gezahlt, so erlischt auch der gesetzliche Vergütungsanspruch; wird ein Teil der angemessenen Vergütung entrichtet, verringert er sich entsprechend."

IV. Grundrechtlicher Schutz der Vertragsfreiheit gemäß Art. 2 Abs. 1 GG.

Für eine derartige Auslegung des gesetzlichen Vergütungsanspruchs spricht weiterhin die durch Art. 2 Abs. 1 GG gewährleistete Vertragsfreiheit als bedeutsamster Bestandteil der Privatautonomie[302]. Der Schutzbereich des Art. 2 Abs. 1 GG erfasst sowohl den Abschluss als auch die inhaltliche Gestaltung der Verträge[303]. Im Zentrum der Vertragsfreiheit steht dabei, wie das Bundesverfassungsgericht entschieden hat, die Höhe der Vergütung[304]. Dieses Recht wird den Kabelunternehmen durch § 20 b Abs. 2 S. 1 GG zumindest teilweise entzogen. Unabhängig von der mit den Sendeunternehmen vereinbarten Vergütung sind die Kabelunternehmen einem gesetzlichen Anspruch auf angemessene Vergütung ausgesetzt. Dessen nähere Ausfüllung richtet sich nach den Bedingungen der kollektiven Rechtewahrnehmung durch Verwertungsgesellschaften nach dem UrhWG. Damit beeinträchtigt der gesetzliche Vergütungsanspruch die Inhaltsfreiheit bei Nutzungsverträgen über das Kabelweitersenderecht massiv[305]. Eine abschließende Vergütungsvereinbarung mit den Sendeunternehmen ist nicht mehr möglich.

Vor diesem Hintergrund griffe der gesetzliche Vergütungsanspruch jedenfalls dann in nicht zu rechtfertigender Weise in die Vertragsfreiheit ein, wenn der Anspruch aus § 20 b Abs. 2 S. 1 UrhG stets auf die volle angemessene Vergütung der Kabelweitersendung gerichtet wäre. Zwar ist der Gesetzgeber befugt und sogar aufgerufen, die Privatautonomie näher auszugestalten. Dabei steht ihm allgemein ein vergleichsweise großer Gestaltungsspielraum zu[306], der vorliegend sogar noch deshalb erweitert ist, weil es sich bei § 20 b Abs. 2 UrhG um eine Vorschrift handelt, die dem Ausgleich einer vom Gesetzgeber angenommenen Disparität der Verhandlungsstärke von Urhebern und Werkverwertern dient[307]. Der Freiraum des Gesetzgebers findet aber dort seine Schranken, wo der Grundsatz der Verhältnismäßigkeit durch eine Regelung verletzt wird, welche den widerstreitenden Interessen und Grundpositionen bereits im Ansatz nicht zu optimaler Wirksamkeit verhelfen kann, sondern zwangsläufig eine Seite

---

[302] *Flume*, Allgemeiner Teil des Bürgerlichen Rechts, Band 2, 4. Aufl. 1992, § 17, S. 12.
[303] BVerfGE 8, 274 (328); BVerwGE 1, 321 (321); *Flume*, Allgemeiner Teil des Bürgerlichen Rechts, Band 2, 4. Aufl. 1992, § 17, S. 12.
[304] BVerfGE 70, 1 (25).
[305] *Gounalakis*, NJW 1999, 545 (547).
[306] BVerfGE 8, 274 (328).
[307] Vgl. dazu *Gounalakis*, in: Gounalakis/Heinze/Dörr, Urhebervertragsrecht, 2001, S. 93 ff.

ungerechtfertig belastet[308]. Um einen solchen Fall handelte es sich bei § 20 b Abs. 2 UrhG, wenn bei der Bestimmung der angemessenen Vergütung bereits geleistete Zahlungen durch die Sendeunternehmen, Tonträger- und Filmhersteller unberücksichtigt blieben.

Eine isolierte Bemessung der angemessenen Vergütungshöhe im Rahmen des § 20 b Abs. 2 UrhG liefe notwendig auf eine Doppelzahlung durch den Kabelweitersendenden hinaus. Denn dieser würde im Rahmen der vertraglichen Vereinbarungen zwischen Sendeunternehmen und Kabelbetreibern mit den ausgeschütteten vertraglichen Vergütungen an die Urheber belastet, hätte gleichzeitig aber auch den durch die Verwertungsgesellschaften geltend gemachten ungeminderten Anspruch auf angemessene Vergütung für die Weitersendung zu tragen. Eine solche über das Maß der Angemessenheit hinausgehende Doppelzahlung könnte die widerstreitenden Interessen nicht, wie verfassungsrechtlich gefordert, angemessen ausgleichen. Sie belastete vielmehr den Weitersendenden übermäßig. Damit hätte der Gesetzgeber seinen Gestaltungsspielraum überschritten und die Vertragsfreiheit verletzt. Im Ergebnis muss der Anspruch aus § 20 b Abs. 2 UrhG daher auch unter dem Gesichtspunkt des verfassungsrechtlichen Schutzes der Vertragsfreiheit auf den Differenzbetrag zwischen der bereits gezahlten und der angemessenen Vergütung beschränkt bleiben.

V. Gleichbehandlung der Urheber

Hierfür lässt sich schließlich auch die gebotene Gleichbehandlung der Urheber anführen. So erscheint eine ungerechtfertigte Diskriminierung einzelner Urhebern bei einer Auslegung des § 20 b Abs. 2 S. 1 UrhG unvermeidlich, nach der sich der Vergütungsanspruch auf die volle Vergütung für die Kabelweitersendung erstreckt und nicht nur auf den Unterschiedsbetrag zwischen dem, was das Sendeunternehmen oder der Filmhersteller bereits gezahlt hat, und der angemessenen Vergütung. Denn der Anspruch aus § 20 b Abs. 2 UrhG besteht nur dann, wenn der Urheber sein Weitersenderecht einem Sendeunternehmen, Tonträger- oder Filmhersteller eingeräumt hat. Allenfalls ist an eine analoge Anwendung in Sachverhalten zu denken, in denen ein anderer Verwerter die Rechte erworben

[308] *Gounalakis*, in: Gounalakis/Heinze/Dörr, Urhebervertragsrecht, 2001, S. 97 ff.

hat[309]. Keine Ansprüche aus § 20 b Abs. 2 UrhG können hingegen solche Urheber geltend machen, die ihre Rechte unmittelbar an eine Verwertungsgesellschaft abgetreten haben[310]. Letztendlich stünde der Urheber, der die Senderechte einem Sendeunternehmen, Film- oder Tonträgerhersteller eingeräumt und hierfür eine Vergütung erhalten hat, somit wesentlich besser als derjenige, der die Rechte für sich behalten bzw. einer Verwertungsgesellschaft übertragen hat. Denn ersterer erhielte durch die zusätzliche Zahlung einer vollen angemessenen Vergütung gemäß § 20 b Abs. 2 UrhG letztlich eine Doppelvergütung. Eine derartige Ungleichbehandlung wäre willkürlich und verfassungsrechtlich nicht zu rechtfertigen. Deutlich an Gewicht verliert die Problematik hingegen[311], wenn man den Anspruch aus § 20 b Abs. 2 UrhG in Übereinstimmung mit der Entstehungsgeschichte, der Systematik und der Ratio der Vorschrift auf die Differenz zwischen der gezahlten vertraglichen Vergütung und der angemessenen Vergütung beschränkt.

Nach allem müssen Vergütungen, die von den Sendeunternehmen oder Tonträger- bzw. Filmherstellern für den Erwerb der Kabelweitersenderechte an die Urheber und ausübenden Künstler gezahlt worden sind, bei der Bestimmung der angemessenen Vergütung gemäß § 20 b Abs. 2 UrhG anspruchsmindernd berücksichtigt werden.

VI. Fallkonstellation des § 20 b Abs. 2 UrhG

Um die Höhe der gemäß § 20 b Abs. 2 S. 1 UrhG zu zahlenden angemessenen Vergütung zu bestimmen, sind insoweit unterschiedliche Konstellationen zu unterscheiden.

---

309 Zu den Bedenken gegen eine derartige erweiternde Auslegung des Wortlauts oben Teil 3 B II.

310 Vgl. Teil 3 B II.

311 Ungleichbehandlungen der Urheber und Doppelvergütungen im Einzelfall lassen sich im Zusammenhang mit § 20 b Abs. 2 UrhG praktisch dennoch nicht vermeiden, vgl. dazu unten Teil 3 D VII, F II.

1. Unentgeltliche Einräumung der Kabelweitersenderechte an die Sendeunternehmen

Haben die Sendeunternehmen für die Weitersenderechte selbst keine Vergütung gezahlt, gestaltet sich die Bemessung des Vergütungsanspruchs mit Blick auf das Vertragsverhältnis zwischen Sendeunternehmen und Urhebern bzw. Leistungsschutzberechtigten als unproblematisch. Da die Urheber und ausübenden Künstler überhaupt nicht an der wirtschaftlichen Verwertung ihrer Werke beteiligt worden sind, können sie das Kabelunternehmen trotz der vertraglichen Abreden mit den Sendeunternehmen in voller Höhe auf Zahlung einer angemessenen Vergütung für die Kabelweitersenderechte in Anspruch nehmen. Abgrenzungsprobleme ergeben sich also nicht.

Eine gänzlich unvergütete Einräumung der Kabelweitersenderechte kommt heute allerdings praktisch nicht mehr vor. Zwar sind Pauschalhonorare der Sendeunternehmen und Filmhersteller für die Einräumung aller Senderechte nach wie vor nicht unüblich. Die Pauschalvergütungen enthalten aber regelmäßig einen Anteil für die Kabelweitersenderechte[312]. Dies erfordert eine differenzierte Betrachtung der von den Sendeunternehmen abgeschlossenen Verträge über die Weitersenderechte, was gerade bei Pauschalvergütungen zu erheblichen Schwierigkeiten führt.

2. Angemessene Vergütung durch die Sendeunternehmen

Haben die Sendeunternehmen eine angemessene Vergütung auch für die Kabelweitersenderechte an die Urheber und ausübenden Künstler gezahlt, reduziert sich der Anspruch der Urheber gemäß § 20 b Abs. 2 S. 1 UrhG gegen die Kabelunternehmen auf Null. Denn die Urheber haben keinen Anspruch darauf, für ihre Leistungen doppelt so viel zu erhalten, wie angemessen ist. Einer über die

312 Die Vereinbarung von Pauschalhonoraren und selbst der Abschluss so genannter Buy-Out-Verträge für alle Senderechte entsprechen dabei vielfach durchaus den Interessen der Urheber an schneller und risikoloser Vergütung. Sie können also nicht per se als Indiz für eine unangemessene Bezahlung der Werke und Leistungen von Urhebern und Inhabern verwandter Schutzrechte angesehen werden, vgl. dazu *Gounalakis*, in: Gounalakis/Heinze/Dörr, Urhebervertragsrecht, 2001, S. 70 mit Fn. 173; *Schack*, ZUM 2001, 453 (464); *Geulen/Klinger*, ZUM 2000, 891 (894). Demgegenüber entnimmt der Gesetzgeber der Abgeltung in Form von Pauschalvergütungen einen Hinweis auf die Unangemessenheit der Vergütungspraxis der Sendeunternehmen, vgl. Begr. des RegE zum 4. UrhÄndG, BT-Drs. 13/4796, S. 10 f.

angemessene Beteiligung der Urheber am Verwertungsvorgang hinausgehenden gesetzlichen Haftung der Kabelunternehmen gegenüber den Urhebern fehlte jede materielle Rechtfertigung.

3. Unangemessen niedrige Vergütung der Urheber durch die Sendeunternehmen

Aus den vorstehenden Erwägungen ergibt sich zwangsläufig auch das Ergebnis für den Fall, dass die Sendeunternehmen den Urhebern zwar eine Vergütung für die Kabelweitersenderechte gezahlt haben, diese jedoch unangemessen niedrig ist. Nach Sinn und Zweck des gesetzlichen Vergütungsanspruchs, eine insgesamt angemessene Vergütung sicherzustellen, beschränkt sich der Anspruch aus § 20 b Abs. 2 S. 1 UrhG dann auf den Differenzbetrag zwischen gezahlter und angemessener Vergütung.

VII. Kollektive Wahrnehmung des gesetzlichen Vergütungsanspruchs

Gemäß § 20 b Abs. 2 S. 2 UrhG kann der Vergütungsanspruch aus § 20 b Abs. 2 S. 1 UrhG nur durch Verwertungsgesellschaften geltend gemacht werden. Diese Regelung dient dem Schutz der Urheber und entlastet im Ansatz auch den Anspruchsgegner. Denn die Verwertungsgesellschaftspflicht begrenzt die Zahl der Anspruchsinhaber und ermöglicht eine pauschale Abgeltung der Ansprüche[313]. Andererseits führt gerade die kollektive Wahrnehmung der Ansprüche gemäß § 20 b Abs. 2 UrhG in der Praxis zu erheblichen, letztlich kaum überwindbaren Schwierigkeiten bei der gebotenen differenzierten Bestimmung der angemessenen Vergütungshöhe.

Die Verwertungsgesellschaften sind gemäß §§ 11, 12 UrhWG verpflichtet, mit den Werknutzern bzw. deren Vereinigungen Einzel- und Gesamtverträge über die von ihnen wahrgenommenen Rechte zu angemessenen Bedingungen abzuschließen. Gemäß § 13 Abs. 1 UrhWG haben sie ferner Tarife über die Vergütung aufzustellen. In welchem Maße der Anspruch auf angemessene Vergütung gemäß § 20 b Abs. 2 UrhG gegen die Kabelunternehmen aufgrund bereits geleisteter Vergütungszahlungen an die Urheber und Leistungsschutzberechtigten

[313] *V. Ungern-Sternberg*, in: Schricker, UrhG, 2. Aufl. 1999, § 20 b Rn. 29.

zu mindern ist, lässt sich für die Verwertungsgesellschaften dabei nur schwer feststellen.

Probleme bereitet insoweit bereits die Ausnahmevorschrift des § 20 b Abs. 2 S. 4 UrhG. Danach können Ansprüche aus § 20 b Abs. 2 UrhG nicht geltend gemacht werden, wenn die Vergütung der Kabelweitersenderechte in Tarifverträgen oder Betriebsvereinbarungen zwischen Sendeunternehmen und Urhebern geregelt ist. Die Verwertungsgesellschaften sind folglich verpflichtet, die Vergütung für die Rechte aus § 20 b Abs. 2 S. 1 UrhG anteilig zu kürzen. Auszunehmen sind all jene Weitersenderechte, die bereits tarifvertraglich oder auf der Grundlage von Betriebsvereinbarungen von den Sendeunternehmen abgegolten wurden[314]. In analoger Anwendung des § 20 b Abs. 2 S. 4 UrhG sollte entsprechendes auch für Rechte gelten, die Gegenstand gemeinsamer Vergütungsregeln im Sinne des § 36 UrhG sind[315]. Um ihrer Pflicht zur Aufstellung von Tarifen und zum Abschluss angemessener Einzel- und Gesamtverträge über die gesetzlichen Vergütungsansprüche nach § 20 b Abs. 2 S. 1 UrhG korrekt nachzukommen, müssten die Verwertungsgesellschaften folglich wissen, welche Rechte von einem Tarifvertrag, einer Betriebsvereinbarung oder einer gemeinsamen Vergütungsregel über die Weitersenderechte im Sinne von § 36 UrhG erfasst sind. Diese Informationen stehen jedoch in der Regel weder den Verwertungsgesellschaften noch den Kabelunternehmen zur Verfügung[316].

Noch schwieriger ist die Situation hinsichtlich der von den Sendeunternehmen und Filmherstellern im Übrigen gezahlten vertraglichen Vergütungen für die Kabelweitersenderechte. Diese sind zwar nach dem Regelungskonzept des § 20 b Abs. 2 UrhG bei der Festlegung der angemessenen Vergütung zwingend zu berücksichtigen. Von vornherein unmöglich wäre es jedoch, in jedem Einzelfall nachzuprüfen, ob der einzelne Urheber bereits auf vertraglichem Wege eine Vergütung für seine Weitersenderechte erhalten hat oder nicht. Es kann deshalb bei einer Wahrnehmung der Ansprüche durch Verwertungsgesellschaften auf Pauschalierungen zwangsläufig nicht verzichtet werden, auch wenn dies rechts-

[314] *Dreier*, in: Dreier/Schulze, UrhG, 2004, § 20 b Rn. 17. Vgl. dazu auch die Beschlussempfehlung des Rechtsausschusses, BT-Drs. 13/9857, S. 4.
[315] Vgl. Teil 3 D I.
[316] Hierauf weist auch *Dreier*, in: Dreier/Schulze, UrhG, 2004, § 20 b Rn. 17 hin.

dogmatisch wie rechtstatsächlich unbefriedigend ist und dazu führt, dass einzelne Urheber für ihr Kabelweitersenderecht eine Doppelvergütung erhalten[317].

Selbst eine solche pauschalierte Berücksichtigung vertraglicher Vergütungen führt jedoch zu großen praktischen Problemen und einem erheblichen administrativen Aufwand. Verwertungsgesellschaften wie Kabelbetreiber verfügen nicht in ausreichendem Maße über die erforderlichen Daten. Sie lassen sich vielfach auch nur schwer ermitteln, weil die Vergütungspraxis der einzelnen Verwerter höchst unterschiedlich ist. Letztlich handelt es sich insoweit um ein strukturelles Problem des gesetzlichen Vergütungsanspruchs aus § 20 b Abs. 2 UrhG: Die Vorschrift versucht die zwischen bestimmten Werkverwertern und einzelnen Urhebern ausgehandelten und vom Gesetzgeber als unzulänglich angesehenen vertraglichen Vergütungen mit Hilfe eines kollektiven Vergütungsanspruchs zu korrigieren, der von den Verwertungsgesellschaften gegenüber den Kabelbetreibern geltend zu machen ist. Eine solche Verknüpfung individueller Ansprüche zwischen zwei Vertragsparteien und eines kollektiven Korrekturanspruchs gegen einen Dritten führt nicht nur zu Friktionen und – bezogen auf die einzelnen Urheber – zu teilweise unbilligen Ergebnissen[318]. Dem Regelungskonzept sind auch die praktischen Umsetzungsschwierigkeiten inhärent.

Diese Schwierigkeiten entbinden die Verwertungsgesellschaften gleichwohl nicht von der Pflicht, den Umfang der von den Sendeunternehmen, Tonträger- und Filmherstellern außerhalb von Tarifverträgen, Betriebsvereinbarungen und gemeinsamen Vergütungsregeln insgesamt gezahlten vertraglichen Vergütungen möglichst präzis zu ermitteln und – neben der anteiligen Kürzung für die gemäß § 20 b Abs. 2 S. 4 UrhG von vornherein nicht unter § 20 b Abs. 2 S. 1 UrhG fallenden Kabelweitersenderechte – nachvollziehbar als Abzugsposten bei der Festlegung der Höhe des Vergütungsergänzungsanspruchs in Ansatz zu bringen. Das folgt nicht nur aus dem Regelungskonzept des § 20 b Abs. 2 UrhG selbst[319]. Eine entsprechende Verpflichtung ergibt sich auch aus den Grundanforderungen

---

317 *Dreier*, in: Dreier/Schulze, UrhG, 2004, § 20 b Rn. 14, 17.

318 *Dreier*, in: Dreier/Schulze, UrhG, 2004, § 20 b Rn. 14; *ders*., in: Walter (Hrsg.), Europäisches Urheberrecht, 2001, Satelliten- und Kabelrichtlinie, Rn. 17. kritisiert den Regelungsansatz daher als „rechtsdogmatisch unbefriedigend".

319 Die Beachtung dieser Voraussetzungen ist allerdings besonders bedeutsam, weil sie – als Konsequenz der Einschränkung der Vertragsfreiheit durch § 20 b Abs. 2 UrhG – unter dem Gesichtspunkt des Art. 2 Abs. 1 GG zwingend geboten und damit verfassungsrechtlich fundiert ist, vgl. dazu oben Teil 3 D IV.

der kollektiven Wahrnehmung von Vergütungsansprüchen durch Verwertungsgesellschaften. Insbesondere die Aufstellung von Tarifen gemäß § 13 UrhWG unterliegt danach dem Transparenzgebot[320]. Es soll die Angemessenheit der Vergütung verfahrensrechtlich absichern und findet in § 13 Abs. 3 UrhWG seine normative Grundlage[321].

In einem ähnlichen Kontext hat der BGH[322] aus dieser Vorschrift bereits allgemein die Forderung abgeleitet, bei der Aufstellung von Vergütungstarifen anderweitige Vergütungspflichten zu berücksichtigen. Um eine Doppelvergütung bei grenzüberschreitenden Sendungen durch die tariflichen Vergütungen in Deutschland zu verhindern, sei „bei der Vergütungsbemessung anspruchsmindernd mit anzusetzen, dass die Rundfunksendungen nur möglich sind, wenn auch in Frankreich bestehende Vergütungsansprüche befriedigt werden".[323] Soweit im Rahmen des § 20 b Abs. 2 UrhG bereits gezahlte Vergütungen in Ansatz zu bringen sind, kann nicht anderes gelten.

Ein transparentes Vorgehen der Verwertungsgesellschaften erscheint schließlich auch mit Blick auf das europäische Wettbewerbsrecht und den sich abzeichnenden europäischen Rechtsrahmen für die kollektive Wahrnehmung von Urheberrechten durch Verwertungsgesellschaften geboten. Bereits die Satelliten- und Kabelrichtlinie hebt in Erwägungsgrund 34 hervor, dass die in der Richtlinie vorgesehene freie vertragliche Aushandlung der Kabelweitersenderechte nationale Regelungen zur Tätigkeit von Verwertungsgesellschaften erfordert, die den Vorgaben des Wettbewerbsrechts entsprechen und eine missbräuchliche Ausnutzung von Monopolstellungen verhindern. Dies bedingt in erster Linie ein transparentes Verfahren bei der Festlegung von Vergütungstarifen.

Besonders nachdrückliche Hinweise auf die gebotene Transparenz der Vergütungsbemessung finden sich darüber hinaus im Initiativbericht des Parlamentsausschusses für Recht und Binnenmarkt und in den ergänzenden Stellungnahmen des Ausschusses für Wirtschaft und Währung sowie des Ausschusses für Kultur, Jugend, Bildung, Medien und Sport. Der Initiativbericht wurde von

---

[320] *Reinbothe*, in: Schricker, UrhG, 2. Aufl. 1999, § 13 WahrnG, Rn. 6; *Schulze*, in: Dreier/Schulze, UrhG, 2004, § 13 UrhWG, Rn. 15.

[321] Vgl. den Bericht des Rechtsausschusses, BT-Drs. 10/3660, S. 21: Tarifgestaltung soll durch § 13 Abs. 3 UrhWG für Nutzer und für die Schiedsteller „durchschaubarer" werden.

[322] BGH, GRUR Int 2003, 470 ff. – Sender Felsberg.

[323] BGH, GRUR Int 2003, 470 (473) – Sender Felsberg.

Raina Echerer ausgearbeitet und am 11.12.2003 nach einstimmiger Annahme durch den Ausschuss für Recht und Binnenmarkt im Parlament eingereicht[324]. Auf der Grundlage des Berichts und der ergänzenden Stellungnahmen der Ausschüsse betont das Parlament in seinem Entschließungsentwuf zu einem Gemeinschaftsrechtsrahmen für Verwertungsgesellschaften im Bereich des Urheberrechts [2002/22274(INI)] zwar, dass die kollektive Wahrnehmung vom EG-Gesetzgeber als eine nicht zu beanstandende Form der Rechtswahrnehmung anerkannt sei und einen wichtigen Beitrag zum Schutz der Verwertung von Rechten an geistigem Eigentum leiste[325]. Zugleich weist der Entschließungsentwurf aber mehrfach darauf hin, dass eine einfache, zügige und verlässliche Klärung der Rechte im Interesse aller Beteiligten notwendig ist und eine Beschränkung des Wettbewerbsrechts auf eine Missbrauchskontrolle nur dann gerechtfertigt werden kann, wenn die Transparenz der Rechtswahrnehmung durch Verwertungsgesellschaften tatsächlich gewährleistet ist und kontrolliert wird[326].

E) Verhältnis zu den neuen vertraglichen Korrekturansprüchen gemäß §§ 32, 32 a UrhG

Der Ansatz des § 20 b Abs. 2 UrhG, unzureichende vertragliche Vergütungen zwischen Sendeunternehmen sowie Tonträger- bzw. Filmherstellern und Urhebern durch einen gesetzlichen Anspruch gegen das Kabelunternehmen zu korrigieren, bereitet nicht nur hinsichtlich der Berücksichtigung tatsächlich geleisteter Zahlungen der genannten Werkverwerter an die Urheber Probleme. Es fragt sich auch, in welchem Verhältnis der gesetzliche Vergütungsanspruch zu den Regelungen des neuen Urhebervertragsrechts steht, die darauf gerichtet sind, unangemessene Vergütungsvereinbarungen innerhalb des Vertragsverhältnisses zugunsten des Urhebers abzuändern.

Die relevanten Bestimmungen finden sich in § 32 UrhG und § 32 a UrhG. Sie wurden am 1.7.2002 durch das Gesetz zur Stärkung der vertraglichen Stellung

---

[324] So genannter Echerer-Report, Europäisches Parlament, A5-0478/2003 endg.

[325] Vgl. Nr. 2, 23 ff. des Entschließungsentwurfs.

[326] Nr. 6, 14, 17 f., 31, 35, 40, 44, 49 ff. des Entschließungsentwurfs. Vgl. auch Gliederungspunkt 4 der Begründung des Entschließungsentwurfs.

von Urhebern und ausübenden Künstlern in das UrhG eingefügt[327]. Nach diesen Vorschriften können die Urheber im Falle der Einräumung von Nutzungsrechten einen Anspruch auf Vertragsänderung geltend machen, wenn die vereinbarte Vergütung unangemessen niedrig ist bzw. wenn sich später zeigt, dass sie in einem auffälligen Missverhältnis zu den tatsächlichen Erträgen und Vorteilen der Werknutzung steht[328]. Über die Verweisung in § 75 Abs. 4 UrhG haben ausübende Künstler dieselben Rechte. Nach dem erklärten Willen des Gesetzgebers soll hiermit das zu Lasten der Urheber bestehende Machtgefälle bei den Verhandlungen über die Vergabe von Nutzungsrechten ausgeglichen und eine angemessene vertragliche Vergütungen der Urheber und Leistungschutzberechtigten gewährleistet werden[329].

I. Anwendbarkeit der §§ 32, 32 a UrhG auf Nutzungsverträge über das Kabelweitersenderecht

Der von § 20 b Abs. 2 UrhG geregelte Fall keiner oder zu niedriger Vergütung der Kabelweitersenderechte durch die Sendeunternehmen unterfällt nach dem Wortlaut der Vorschriften jetzt auch den §§ 32, 32 a UrhG. Damit hat sich in Bezug auf die Kabelweitersenderechte die Rechtsstellung der Urheber nochmals verbessert. Im Einzelnen lassen sich verschiedene Konstellationen unterscheiden:

1. Unentgeltliche Einräumung der Kabelweitersenderechte an die Sendeunternehmen

Haben die Sendeunternehmen die Kabelweitersenderechte von den Urhebern erworben, ohne hierfür ein Entgelt zu zahlen, greift § 32 Abs. 1 UrhG. Hiernach gilt, sofern keine Vergütung bestimmt wurde, die angemessene Vergütung als vereinbart. Das Gesetz ergänzt bzw. korrigiert also die unzureichende vertragliche Abrede und gewährt den Urhebern unmittelbar einen fiktiven vertraglichen Anspruch auf angemessene Vergütung. Eine Klage gegen die Sendeunterneh-

---

[327] BGBl. 2002 I, S. 1155 ff. Die Materialien zusammengestellt hat *Hucko*, Das neue Urhebervertragsrecht, 2002, S. 91 ff.

[328] Eingehend zu diesen neuen Ansprüchen *Erdmann*, GRUR 2002, 923 (925 ff.); *Ory*, AfP 2002, 93 (95 ff.); *Schack*, GRUR 2002, 853 (855 ff.); *Schmidt*, ZUM 2002, 781 (782 ff.).

[329] Amtl. Begr. BT-Drs. 14/8058, S. 1 f

men auf Einwilligung in die Änderung des Vertrags gemäß § 32 Abs. 1 S. 3 UrhG ist nicht erforderlich.

2. Unangemessen niedrige Vergütung der Urheber durch die Sendeunternehmen im Zeitpunkt des Vertragsschlusses

Haben die Sendeunternehmen für die Kabelweitersenderechte zwar eine Vergütung gezahlt, erweist sich diese jedoch als unangemessen niedrig, kann der Urheber gemäß § 32 Abs. 1 S. 3 UrhG gegen die Sendeunternehmen einen Anspruch auf Vertragsanpassung geltend machen. Mit dieser Regelung hat der Gesetzgeber sein zunächst verfolgtes Konzept, in § 32 UrhG neben den vertraglichen Ansprüchen einen eigenständigen gesetzlichen Vergütungsanspruch zu schaffen, aufgegeben. Er hat damit der berechtigten Kritik von Teilen der Literatur[330] und des Bundesrates[331] Rechnung getragen. Die jetzt eingeführten Korrekturansprüche gemäß §§ 32, 32 a UrhG beschränken sich auf das Vertragsverhältnis und vermeiden eine Konkurrenz vertraglicher und gesetzlicher Vergütungsansprüche. Sie erschweren auf der anderen Seite auch die Rechtsdurchsetzung für den Urheber nicht nachhaltig: Im Streitfall kann der Urheber die Klage auf Vertragsanpassung mit einer Zahlungsklage verbinden, sofern seine Ansprüche bereits fällig sind[332].

Welche Vergütung letztlich angemessen ist, richtet sich gemäß § 32 Abs. 2 S. 2 UrhG nach den Verhältnissen im Zeitpunkt des Vertragsschlusses. Im Rahmen einer ex ante-Betrachtung ist also auf die Erwartungen und Vorstellungen der Parteien bei Vertragsschluss hinsichtlich der Verwertung und der daraus zu erzielenden Erlöse abzustellen. Auf die tatsächlichen Verwertungen kommt es dagegen nicht an[333].

---

330 Vgl. *Gounalakis*, in: Gounalakis/Heinze/Dörr, Urhebervertragsrecht, 2001, S. 11 (69 ff.); *Ritgen*, JZ 2002, 114 ff.; *Schack*, GRUR 2002, 853 (853); ders. ZUM 2001, 453 ff.

331 Vgl. die Stellungnahme des Bundesrates zum Entwurf eines Gesetzes zur Stärkung der vertraglichen Stellung von Urhebern und ausübenden Künstlern v. 13.7.2001, BR-Drs. 404/01.

332 BT-Drs. 14/8058, S. 18 unter Bezugnahme auf BGHZ 115, 63 (65) – Horoskop-Kalender; vgl. auch *Erdmann*, GRUR 2002, 923 (925); *Schmidt*, ZUM 2002, 781 (783).

333 *Mand*, ZUM 2003, 812 (815); *Schmidt*, ZUM 2002, 781 (784), vgl. auch *Erdmann*, GRUR 2002, 923 (928).

3. Vergütung durch die Sendeunternehmen erweist sich später als auffällig zu niedrig

Infolge der ex ante-Betrachtung erfasst § 32 UrhG nicht den Fall, dass die tatsächlichen Erträge und Vorteile der Werknutzung deutlich größer sind als der Verwertungserfolg, von dem die Parteien bei Vertragsschluss ausgegangen sind und den sie der Vergütungsvereinbarung zugrunde gelegt haben. Diese Lücke schließt § 32 a UrhG: „Steht die vereinbarte Gegenleistung unter Berücksichtigung der gesamten Beziehungen des Urhebers zu dem anderen in einem auffälligen Missverhältnis zu den Erträgen und Vorteilen aus der Nutzung des Werkes", so hat der Urheber gemäß § 32 a Abs. 1 UrhG einen Anspruch auf nachträgliche Vertragsanpassung[334]. Mit der Rechtsfolge "Vertragsanpassung" bleibt das Gesetz – trotz des Perspektivenwechsels hin zur "ex post-Sicht" – dabei auch im Rahmen des § 32 a Abs. 1 UrhG streng im System des Vertrags.

Da die Sendeunternehmen ihrerseits mit den Kabelbetreibern Verträge über die Kabelweitersendung schließen, kann der besonders große Verwertungserfolg zumindest theoretisch[335] aber nicht nur bei den Sendeunternehmen selbst eintreten. Denkbar erscheint, dass auch oder gar allein der Kabelbetreiber exorbitante Erträge und Vorteile erzielt. Dieser Fall ist nunmehr in § 32 a Abs. 2 UrhG geregelt. Die Vorschrift gewährt bei einer Verwertungskette unter bestimmten Voraussetzungen einen direkten Anspruch gegen den jeweiligen Profiteur der Werknutzung. Wer bei der Kabelweitersendung letztlich für die weitere Beteiligung des Urhebers gemäß § 32 a UrhG einzustehen hat, muss deshalb im Einzelfall ermittelt werden.

a) Verwertungserfolg allein der Sendeunternehmen

Ergibt sich das auffällige Missverhältnis aus den Erträgen und Vorteilen der Sendeunternehmen, haften diese nach § 32 a Abs. 1 UrhG. Der Anspruch ist auf

---

[334] Durch das Kriterium des „auffälligen Missverhältnisses" ist § 32 a UrhG enger als § 32 UrhG. Erforderlich ist eine deutliche Abweichung der vereinbarten von der – gemessen am tatsächlichen Verwertungserfolg – angemessenen Vergütung, vgl. dazu auch BT-Drs. 14/8058, S. 45 f. Zum problematischen Verhältnis von § 32 UrhG und § 32 a UrhG bei einem von Anfang an bestehenden auffälligen Missverhältnis von Leistung und Gegenleistung *Schmidt*, ZUM 2002, 781 (786).

[335] Unter den Bedingungen des Transportmodells erscheint dies derzeit allerdings als kaum vorstellbar.

Vertragsanpassung gerichtet. Dagegen scheidet eine unmittelbare Verpflichtung der Kabelunternehmen grundsätzlich aus. Zu beachten ist lediglich die Vorschrift des § 34 Abs. 4 UrhG (§ 34 Abs. 5 UrhG a.F.), nach der der Erwerber eines Nutzungsrechts gesamtschuldnerisch für die Erfüllung der sich aus dem Vertrag mit dem Urheber ergebenden Verpflichtungen des Veräußerers haftet, falls der Urheber der Übertragung des Nutzungsrechts nicht ausdrücklich zugestimmt hat.

b) Verwertungserfolg (auch) der Kabelunternehmen

Folgt das Missverhältnis zwischen Urheberrechtsvergütung und Verwertungserfolg dagegen erst aus den Erträgen oder Vorteilen des Kabelbetreibers, "haftet" dieser gemäß § 32 a Abs. 2 UrhG unmittelbar gegenüber dem Urheber. Wie der Gesetzeswortlaut deutlich macht, handelt es sich bei § 32 a Abs. 2 UrhG nicht um einen vertraglichen Anspruch, sondern um einen gesetzlichen Haftungstatbestand[336]. Ergänzende vertragliche Ansprüche gegen das Sendeunternehmen scheiden gemäß § 32 a Abs. 2 S. 2 UrhG aus.

Allerdings haftet der weitere Lizenznehmer, der das Werk letztlich nutzt, ausweislich des Gesetzeswortlauts im Rahmen des § 32 a Abs. 2 UrhG nur „unter Berücksichtigung der vertraglichen Beziehungen in der Verwertungskette". Der genaue Sinngehalt dieser Einschränkung ist unklar[337]. Überzeugend erscheint eine Auslegung, nach der nicht allein das Missverhältnis zwischen der Vergütung des Urhebers und den Vorteilen des weiteren Lizenznehmers den Anspruch aus § 32 a Abs. 2 UrhG auslöst. Vielmehr kommt es darauf an, ob der Verwertungserfolg des weiteren Lizenznehmers und die von ihm geleisteten Lizenzzahlungen an den Lizenzgeber in einem auffälligen Missverhältnis stehen. Mit anderen Worten: Der Lizenznehmer kann vom Urheber nur insoweit in Anspruch genommen werden, als der Anspruch aus § 32 a UrhG auch bestünde, wenn er den Lizenzvertrag unmittelbar mit dem Urheber geschlossen hätte[338]. Ist dies nicht der Fall, muss sich der Urheber an den Lizenzgeber halten[339].

---

[336] *Mand*, ZUM 2003, 812 (816); *Ory*, AfP 2002, 93 (100); *Schmidt*, ZUM 2002, 781 (787).
[337] Zum Problem vgl. *Ory*, AfP 2002, 93 (100); *Schack*, GRUR 2002, 853 (856).
[338] *Gounalakis/Mand*, Kabelweiterleitung und urheberrechtliche Vergütung, 2003, S. 56 mit Fn. 134; *Mand*, ZUM 2003, 812 (816); *Schmidt*, ZUM 2002, 781 (787). Ähnlich bereits *Ory*, AfP 2002, 93 (100).
[339] *Gounalakis/Mand*, Kabelweiterleitung und urheberrechtliche Vergütung, 2003, S. 56 mit Fn. 134; *Schmidt*, ZUM 2002, 781 (787).

Wer im Zusammenhang der Kabelweitersendung für eine etwaige weitere Beteiligung des Urhebers gemäß § 32 a UrhG einzustehen hat, hängt demnach entscheidend von den vertraglichen Beziehungen zwischen Sende- und Kabelunternehmen ab. Zu berücksichtigen ist einerseits der Preis, den die Kabelunternehmen an die Sendeunternehmen gezahlt haben. Andererseits kommt es darauf an, wem die Erträge und Vorteile der Kabelweitersendung nach den vertraglichen Vereinbarungen und Marktverhältnissen letztlich zufließen.

Nach dem in Deutschland bislang überwiegend praktizierten Transportmodell erbringen die Kabelbetreiber nur eine Transportdienstleistung[340]. Der Inhalt der Sendungen wird dagegen von den Sendeunternehmen vermarktet. Ihnen fließen die Erträge aus der Rundfunkwerbung zu, deren Höhe maßgeblich von der Reichweite und Attraktivität der Programme abhängt. Auch die zunehmend bedeutsamere Verwertung der Programmrechte außerhalb des Programms – etwa im Wege des Merchandising[341] – liegt bei den Sendeunternehmen. Insoweit trifft die Kabelbetreiber für die Weiterverbreitung der inländischen Programme regelmäßig keine eigene urheberrechtliche Verantwortlichkeit als Werknutzer[342]. Entsprechendes gilt folglich auch für die Haftung aus § 32 a Abs. 2 UrhG[343].

---

[340] Zur Verfassung des Kabelmarktes in Deutschland und zur Abgrenzung von Transport- und Vermarktungsmodell vgl. oben Teil 2 D III, IV sowie *Gounalakis/Mand*, Kabelweiterleitung und urheberrechtliche Vergütung, 2003, S. 21 ff.

[341] Eingehend zu den verschiedenen Verwertungsmöglichkeiten der Programmrechte außerhalb des Programms *Mand*, Erwerbswirtschaftliche Betätigung öffentlich-rechtlicher Rundfunkanstalten außerhalb des Programms, 2002, S. 7 ff.

[342] Näher dazu oben Teil 2 D IV. Vgl. auch *Gounalakis/Mand*, Kabelweiterleitung und urheberrechtliche Vergütung, 2003, S. 36 ff., insbes. 59 ff., 82 ff.

[343] Soweit die Kabelbetreiber im Rahmen des Vermarktungsmodells die Rechte auch selbst nutzen, gestaltet sich die Bewertung der Angemessenheit von Vergütungsabreden zwischen Sendeunternehmen und Kabelbetreibern dagegen außerordentlich schwierig, *Gounalakis/Mand*, Kabelweiterleitung und urheberrechtliche Vergütung, 2003, S. 96 ff.; *Mand*, ZUM 2003, 812 (816). Dies wirkt sich unmittelbar auch auf den Umfang einer etwaigen Haftung der Kabelbettreiber aus § 32 a Abs. 2 UrhG aus, die nur unter Berücksichtigung der vertraglichen Beziehungen in der Lizenzkette greift, *Mand*, ZUM 2003, 812 (816). Vgl. allgemein zur Problematik des Anspruchsumfangs gemäß § 32 a Abs. 2 UrhG auch *Schack*, GRUR 2002, 853 (856). Er versteht die Formulierung des § 32 Abs. 1 S. 1 UrhG „als eine Aufforderung des Gesetzgebers an den Richter (...), eine salomonische Lösung zu finden."

II. Konkurrenzen

Mit §§ 32, 32a UrhG und § 20 b Abs. 2 UrhG stehen den Urhebern jetzt zwei Möglichkeiten offen, auf unangemessene vertragliche Vergütungen der Kabelweitersenderechte zu reagieren. Beide Regelungen verfolgen dasselbe Ziel. Das zu Lasten der Urheber bestehende Machtgefälle bei Verhandlungen über die Vergabe von Nutzungsrechten soll ausgeglichen und angemessene vertragliche Vergütungen für die Kabelweitersenderechte sichergestellt werden. Auch das geltend zu machende Interesse stimmt prinzipiell überein: Der Urheber kann zusätzlich zur vertraglich vereinbarten Vergütung jeweils die Differenz zwischen der vereinbarten und der angemessenen Vergütung verlangen. Trotz dieser Übereinstimmung sind die Ansprüche im Übrigen sehr unterschiedlich ausgestaltet. So knüpft das neue Urhebervertragsrecht bei der Korrektur unangemessener Vergütungsvereinbarungen primär an die vertraglichen Abreden des Urhebers an, während sich der gesetzliche von Verwertungsgesellschaften geltend zu machende Vergütungsanspruch gemäß § 20 b Abs. 2 UrhG hiervon vollständig löst.

Diese Unterschiede belasten die Rechtssicherheit erheblich. Bei gleichzeitiger Anwendung der vertraglichen Korrekturansprüche gemäß §§ 32, 32 a UrhG und des gesetzlichen Vergütungsanspruchs aus § 20 b UrhG besteht die Gefahr, dass im Falle einer Abtretung der Ansprüche sowohl die Aktivlegitimation als auch die Passivlegitimation auseinanderfallen. Hat beispielsweise der Urheber seinen gesetzlichen Vergütungsanspruch gegen die Kabelunternehmen aus § 20 b Abs. 2 UrhG an eine Verwertungsgesellschaft abgetreten, kann es dazu kommen, dass die Verwertungsgesellschaft Ansprüche gegen das Kabelunternehmen geltend macht, während der Urheber gleichzeitig gemäß § 32 a Abs. 1 UrhG gegen das Sende- oder gemäß § 32 a Abs. 2 UrhG gegen das Kabelunternehmen vorgeht, weil die von ihm mit den Sendeunternehmen ausgehandelte Vergütung in einem auffälligen Missverhältnis zum Verwertungserfolg steht[344]. Letztlich drohen also ähnliche Konflikte wie bei dem vom Gesetzgeber zunächst geplanten und nach der breiten Kritik verworfenen Konzept eines allgemeinen gesetzlichen Vergü-

[344] Da der Urheber gemäß § 32 a Abs. 3 S. 2 UrhG im Voraus über Ansprüche aus § 32 a Abs. 1 und Abs. 2 UrhG generell nicht disponieren kann, kann auch nicht von einer (konkludenten) Übertragung dieser Ansprüche an die Verwertungsgesellschaft ausgegangen werden. Allenfalls könnte man die selbständige Geltendmachung von Ansprüchen aus § 32 a UrhG durch den Urheber als rechtsmissbräuchlich im Sinne des § 242 BGB einstufen.

tungsanspruchs, der unabhängig neben den vertraglichen Vergütungsanspruch treten sollte[345].

Unklar erscheint auch, ob und in welchem Umfang Regressansprüche zwischen den Beteiligten entstehen. Da der Urheber bei einer parallelen Anwendung von § 20 b Abs. 2 UrhG und §§ 32, 32 a UrhG im Falle unzureichender vertraglicher Vergütungen praktisch nach Belieben wählen kann, ob er Sendeunternehmen oder Kabelunternehmen in Anspruch nimmt, ist ein nachträglicher Ausgleich unausweichlich. Haben Sendeunternehmen und Kabelbetreiber für diesen Fall keine vertraglichen Abreden etwa in Form von Freistellungsvereinbarungen getroffen, kommt hierfür eine zumindest entsprechende Anwendung des § 426 Abs. 1 und Abs. 2 BGB in Betracht[346]. Verneint man eine Gesamtschuld - etwa im Hinblick auf eine primäre Verpflichtung der Sendeunternehmen als Vertragspartner der Urheber - bleiben allenfalls Ansprüche aus GoA oder aus Rückgriffskondiktion.

Angesichts dieser Konsequenzen fragt sich, ob im Bereich der Kabelweitersenderechte die §§ 32, 32 a UrhG und § 20 b Abs. 2 UrhG tatsächlich nach den Grundsätzen freier Anspruchskonkurrenz unabhängig nebeneinander angewendet werden können oder ob nicht im Interesse der Rechtssicherheit und der konzeptionellen Stimmigkeit des Urhebervertragsrechts einer der demselben Zweck dienenden Regelungen der Vorrang einzuräumen ist. Denkbar erscheint einerseits, § 20 b Abs. 2 UrhG als abschließende Spezialnorm für den Fall der Kabelweitersendung anzusehen. Andererseits könnte auch den §§ 32 Abs. 1, 32 a UrhG als neueren Regelungen der Vorrang vor § 20 b Abs. 2 UrhG gebühren.

1. § 20 b Abs. 2 UrhG als lex spezialis zu §§ 32, 32 a UrhG

Eine Konkurrenz vertraglicher und gesetzlicher Korrekturansprüche im Bereich des Kabelweitersenderechts scheidet aus, wenn § 20 b Abs. 2 UrhG als senderechtsspezifische Spezialnorm die allgemeinen Regelungen der §§ 32, 32 a

[345] Eingehend hierzu, *Gounalakis*, in: Gounalakis/Heinze/Dörr, Urhebervertragsrecht, 2001, S. 11 (72 ff.).

[346] Die für eine Gesamtschuld erforderliche wechselseitige Tilgungswirkung ließe sich dabei bejahen, da der Urheber die Differenz zwischen der angemessenen und der gezahlten Vergütung nur einmal beanspruchen kann. Bedenken ergeben sich freilich mit Blick auf das Erfordernis der Gleichstufigkeit der Ansprüche. Zu den Anforderungen der Gesamtschuld vgl. *Medicus*, Schuldrecht I, 13. Aufl. 2002, Rn. 793 ff.

UrhG verdrängt[347]. Unangemessene Vergütungen wären in diesem Fall nicht im Vertragsverhältnis zwischen Urhebern und Sendeunternehmen, sondern stets im Verhältnis zwischen Urhebern und Kabelunternehmen auszugleichen. Die Sendeunternehmen blieben also von Nachforderungen der Urheber generell verschont.

Bedenken gegen eine vorrangige Anwendung des § 20 b Abs. 2 UrhG ergeben sich jedoch bereits aus dem umfassenden Regelungsansatz des neuen Urhebervertragsrechts. Die Korrekturansprüche gemäß §§ 32 f. UrhG sollen alle Fallkonstellationen unangemessener vertraglicher Vergütungen erfassen. Als solche sind keine sektoralen Ausnahmen vorgesehen. Dies gilt auch für den Bereich der Kabelweitersendung.

Nimmt man den Bereich der Kabelweitersenderechte von den neuen Korrekturansprüchen aus, unterminiert dies letztlich auch die Einheitlichkeit des Urhebervertragsrechts. Der Gesetzgeber hat sich dafür entschieden, vertragliche Benachteiligungen der Urheber grundsätzlich durch Anpassung der bestehenden Verträge zu korrigieren. Nur bei dem Anspruch auf weitere Beteiligung gemäß § 32 a UrhG hat er im Spezialfall des § 32 a Abs. 2 UrhG die Bindung an die vertraglichen Beziehungen aufgegeben. Bei einer Qualifikation des § 20 b Abs. 2 UrhG als lex spezialis zu §§ 32, 32 a UrhG wird diese gesetzgeberische Entscheidung im Bereich des Kabelweitersenderechts aufgehoben. An die Stelle der ausdifferenzierten, dem System des Vertrags so weit wie möglich folgenden Korrekturansprüche des neuen Urhebervertragsrechts tritt in einem kleinen Bereich eine Vorschrift, deren Regelungskonzept eines gesetzlichen Vergütungsanspruchs der Gesetzgeber bewusst verworfen hat[348]. Dies erscheint wenig überzeugend.

Eine Abkehr von der neuen Konzeption des Urhebervertragsrechts im Bereich des Kabelweitersenderechts ist aber auch in der Sache nicht gerechtfertigt. Die ausschließliche Anwendung des § 20 b Abs. 2 UrhG entlastet primär die Sendeunternehmen, die für die unzureichenden Vergütungsvereinbarungen verantwortlich sind. Damit wird letztlich geradezu ein Anreiz geschaffen, die unzureichende Vergütungspraxis beizubehalten. Denn die rechtlichen Konsequenzen

[347] So *Ehrhardt*, ZUM 2004, 300 (302 f.).
[348] Vgl. die Begründung zur Neufassung des § 32 UrhG in der Beschlussempfehlung des Rechtsausschusses v. 23.1.2002, BT-Drs. 14/8058, S. 42 f.

hierfür treffen über § 20 b Abs. 2 UrhG unmittelbar allenfalls die Kabelunternehmen. Den Kabelbetreibern bliebe lediglich die Möglichkeit, die Sendeunternehmen auf der Grundlage vertraglicher Freistellungklauseln in Regress zu nehmen.

Dies widerspricht letztlich jedoch sowohl den legitimen Interessen der Urheber als auch der urheberrechtlichen Verantwortlichkeit für die Kabelweitersendung. Wie dargelegt, kann insoweit nicht von einer alleinigen oder auch nur primären Verantwortung der Kabelbetreiber ausgegangen werden. Ob und gegebenenfalls in welchem Umfang Sende- und Kabelunternehmen für die Kabelweitersendung verantwortlich sind, hängt vielmehr von den vertraglichen Vereinbarungen der Parteien und den Marktverhältnissen ab. Diesen Bedingungen wird das neue Urhebervertragsrecht wesentlich besser gerecht als der gesetzliche Vergütungsanspruch gemäß § 20 b Abs. 2 UrhG, der sich generell gegen die Kabelunternehmen richtet. Nach allem erscheint es daher verfehlt, in § 20 b Abs. 2 UrhG eine abschließende Spezialnorm zu den neu geschaffenen Korrekturansprüchen gemäß §§ 32, 32 a UrhG zu sehen. § 20 b Abs. 2 UrhG steht deren Anwendung im Bereich der Kabelweitersendung nicht entgegen.

2. Derogation des § 20 b Abs. 2 durch die §§ 32, 32 a UrhG

Zu erwägen ist vielmehr, ob nicht die grundlegende Entscheidung des Gesetzgebers, bei der Novellierung des Urhebervertragsrechts auf gesetzliche Vergütungsansprüche zu verzichten und stattdessen eine Korrektur unzureichender Vergütungsabreden innerhalb des Vertragsverhältnisses zu ermöglichen, auch bei der Einräumung der Kabelweitersenderechte zu beachten ist. Durch die ausschließliche Anwendung der neuen vertraglichen Korrekturansprüche könnte nicht nur ein konzeptioneller Bruch im Urhebervertragsrecht vermieden werden. Die §§ 32, 32 a UrhG erfassen die differenzierte und komplexe Vertrags- und Marktpraxis im Bereich der Kabelweitersendung auch wesentlich besser als § 20 b Abs. 2 UrhG.

Gegen eine ausschließliche Anwendung der §§ 32, 32 a UrhG spricht freilich, dass der Gesetzgeber im Zuge der Neuregelung des Urhebervertragsrechts die Vorschrift des § 20 b Abs. 2 UrhG nicht aufgehoben hat. Eine Nichtanwendung des § 20 b Abs. 2 UrhG zugunsten der §§ 32, 32 a UrhG ließe sich dogmatisch daher allenfalls über den Grundsatz lex posterior derogat legi priori begründen. Die materielle Derogation älterer Vorschriften durch eine neuere Norm ist jedoch nur dann möglich, wenn die gleichzeitige Anwendung von alten und neuen Regelungen aufgrund logischer Widersprüche unmöglich ist.

Vorliegend führt die gleichzeitige Anwendung von § 20 b Abs. 2 UrhG und §§ 32, 32 a UrhG dazu, dass der Urheber aus verschiedenen Anspruchsgrundlagen einen inhaltlich auf dasselbe Interesse gerichteten Anspruch gegen mehrere Schuldner erhält. Dies ist in dem vom Grundsatz freier Anspruchskonkurrenz geprägten Privatrecht jedoch nichts Außergewöhnliches. Ein und derselbe Anspruch kann durchaus in verschiedenen Anspruchsgrundlagen begründet sein. Wie die Gesamtschuldvorschriften der §§ 420 ff. BGB zeigen, können auch mehrere Rechtssubjekte Schuldner desselben Anspruchs sein. Die Anwendung des § 20 b Abs. 2 UrhG neben §§ 32, 32 a UrhG führt daher nicht zu logischen Widersprüchen. Von einer materiellen Derogation des gesetzlichen Vergütungsanspruchs durch das neue Urhebervertragsrecht kann nicht ausgegangen werden[349]. Beide Vorschriften bleiben trotz der dadurch bedingten Rechtsunsicherheiten also grundsätzlich nebeneinander anwendbar.

3. Subsidiarität des § 20 b Abs. 2 UrhG gegenüber § 32 Abs. 1 S. 3 UrhG n. F.

Möglichkeiten, de lege lata die nachteiligen Konsequenzen einer parallelen Anwendung von § 20 b Abs. 2 UrhG und §§ 32, 32 a UrhG abzumildern, bestehen nur begrenzt. Als Ansatzpunkt hierfür kommt letztlich allein eine tatbestandlich einschränkende Auslegung des § 20 b Abs. 2 UrhG in Betracht. So könnte man den gesetzlichen Anspruch auf angemessene Vergütung unter Berücksichtigung der Entstehungsgeschichte sowie dem Sinn und Zweck der Regelung auf Sachverhalte begrenzen, in denen die vertragliche Vergütung unter Berücksichtigung auch der neuen Korrekturmöglichkeiten gemäß §§ 32 ff. UrhG insgesamt unzureichend ist.

Nach dem erklärten Willen des Gesetzgebers soll § 20 b Abs. 2 UrhG der gängigen Praxis unzulänglicher Vergütungen der Kabelweitersenderechte durch die Sendeunternehmen entgegenwirken und eine angemessene Beteiligung der Ur-

---

[349] Ebenso im Ergebnis *Ehrhardt,* in: Wandtke/Bullinger, UrhG, 2002, §§ 20-20 b Rn. 30; ders., in ZUM 2004, 300 (302 f.).

heber an den wirtschaftlichen Früchten ihrer Arbeit gewährleisten. Ist die von den Sendeunternehmen vertraglich geschuldete Vergütung aber angemessen o-der lässt sich eine angemessene vertragliche Vergütung über §§ 32, 32 a UrhG durchsetzen, verlieren weitergehende gesetzliche Vergütungsansprüche ihre Berechtigung. Für einen eigenständigen gesetzlichen Vergütungsanspruch bleibt daher nur noch insoweit Raum, als die Sendeunternehmen den gegebenenfalls angepassten Vergütungsanspruch nicht erfüllen.

Für eine solche einschränkende Auslegung des § 20 b Abs. 2 UrhG, die im Ergebnis zu einer Subsidiarität gegenüber den §§ 32, 32 a UrhG führt, spricht nicht zuletzt auch § 20 b Abs. 2 S. 4 UrhG. Mit dieser Vorschrift hat der Gesetzgeber den Vergütungsanspruch bereits selbst funktional als subsidiäre Haftungsnorm konzipiert. Sie greift nur, sofern eine angemessene vertragliche Vergütung nicht gewährleistet ist[350]. Konnte der Gesetzgeber bei der Neuregelung des § 20 b UrhG jedoch nur im Falle von Tarifverträgen und Betriebsvereinbarungen von einer angemessenen vertraglichen Vergütung ausgehen, stellen die §§ 32, 32 a UrhG heute die angemessene Teilhabe des Urhebers an den Erträgen der Werknutzung auch darüber hinaus sicher. Folgerichtig sollten Ansprüche aus § 20 b Abs. 2 UrhG nur noch dann bestehen, wenn der Urheber die – gegebenenfalls über §§ 32, 32 a UrhG zu korrigierende – vertragliche Vergütung nicht durchsetzen kann. Gänzlich überflüssig wird § 20 b Abs. 2 UrhG dadurch nicht. Er begründet vielmehr eine Ausfallhaftung der Kabelunternehmen, welche die Rechtsstellung der Urheber über das neue Urhebervertragsrecht hinaus verbessert und ihnen einen regelmäßig solventen Schuldner sichert.

F) Gesetzgeberischer Handlungsbedarf: Streichung des § 20 b Abs. 2 UrhG

Wie die nähere Betrachtung der Tatbestandsvoraussetzungen zeigt, erweist sich der Weg über § 20 b Abs. 2 UrhG, der die Urheber angemessen an der Verwertung der Kabelweitersenderechte zu beteiligen sucht, als überaus problematisch. Der gesetzliche, verwertungsgesellschaftspflichtige Vergütungsergänzungsanspruch gegen die Kabelunternehmen führt zu erheblichen praktischen Schwierigkeiten und rechtsdogmatischen Friktionen. Darüber hinaus begegnet das Regelungskonzept europarechtlichen und – nach der Novellierung des Urheberver-

[350] Vgl. Teil 3 D I.

tragsrechts - auch verfassungsrechtlichen Bedenken. Es fragt sich daher, ob § 20 b Abs. 2 UrhG nicht aufgrund eines Verstoßes gegen höherrangiges Recht aufgehoben werden muss oder doch zumindest aufgrund rechtspraktischer und rechtsdogmatischer Erwägungen gestrichen bzw. modifiziert werden sollte.

I. Verstoß gegen die Regelungsziele der Satelliten- und Kabelrichtlinie

§ 20 b Abs. 2 UrhG findet anders als § 20 b Abs. 1 UrhG in der Satelliten- und Kabelrichtlinie keine Stütze. Die Vorschrift ist innerhalb der EU einzigartig geblieben und fällt aus dem Rahmen der europäischen Rechtsentwicklung. Dies erweckt Zweifel, ob der Vergütungsergänzungsanspruch in seiner jetzigen Form mit den Harmonisierungszielen der Richtlinie noch vereinbar ist.

Der deutsche Gesetzgeber selbst versucht in der Gesetzesbegründung die Richtlinienkonformität des § 20 b Abs. 2 UrhG damit zu begründen, dass der gesetzliche Vergütungsanspruch die grundsätzlichen Ziele der Richtlinie nicht in Frage stelle. Zudem lasse die Richtlinie die Regelungsfreiheit der Mitgliedsstaaten in urhebervertragsrechtlicher Hinsicht unberührt[351]. Damit knüpft die Gesetzesbegründung an Erwägungsgrund 35 der Satelliten- und Kabelrichtlinie an. Hiernach bleibt es den Mitgliedstaaten vorbehalten, „die zur Verwirklichung der in dieser Richtlinie angestrebten Ziele erforderlichen Rahmenbedingungen durch einzelstaatliche Rechts- und Verwaltungsvorschriften auszufüllen, soweit sie den mit dieser Richtlinie verfolgten Zielen nicht entgegenwirken und mit dem Gemeinschaftsrecht in Einklang stehen."

Diese Formulierung verdeutlicht jedoch bereits die Grenzen des nationalen Regelungsspielraums: Die Freiheit der Mitgliedstaaten endet dort, wo einzelstaatliche Vorschriften mit dem Regelungszweck der in der Richtlinie normierten Bedingungen des Erwerbs von Kabelweitersenderechten kollidieren. Dem entspricht ganz allgemein die Bedeutung von EG-Richtlinien nach Art. 249 S. 3 EG. Zwar sind die Mitgliedstaaten bei der Umsetzung frei in der Wahl der Form und der Mittel. Stets verbindlich ist die Richtlinie jedoch hinsichtlich des zu erreichenden Ziels. Dabei gilt der Grundsatz des „effet utile". Die Mitgliedstaaten haben bei der Umsetzung der Richtlinie also diejenigen Formen und Mittel zu

[351] Begr. des RegE zum 4. UrhÄndG, BT-Drs. 13/4796, S. 11.

wählen, welche am besten geeignet sind, die praktische Wirksamkeit der Regelungsziele der Richtlinie zu gewährleisten[352].

Zweck der Satelliten und Kabelrichtlinie ist es, den urheberrechtlichen Schutz im Bereich der Kabelweitersendung auf hohem Niveau zu harmonisieren, um dadurch einen effizienten und einfachen Rechteerwerb bei grenzüberschreitenden Sendevorgängen zu gewährleisten[353]. Diesem Zweck läuft § 20 b Abs. 2 UrhG zuwider. Der Vergütungsanspruch hat auch und gerade im grenzüberschreitenden Rechtsverkehr disharmonisierende Wirkung. Zudem steht er im Widerspruch zu dem durch Art. 9 und 10 der Richtlinie konkretisierten Ziel eines einfachen und effizienten Rechteerwerbs.

Europaweit ist es gängige Praxis, dass Sendeunternehmen die Kabelweitersenderechte umfassend erwerben und anschließend als alleinige Inhaber der Rechte in Verhandlungen mit den Kabelbetreibern treten. Dies vereinfacht die Rechtsklärung und ermöglicht durchschaubare Vergütungsstrukturen. Davon unterscheidet sich die Rechtslage in Deutschland infolge des § 20 b Abs. 2 UrhG erheblich. Auch hier können die Rechte zwar über die Lizenzkette Sendeunternehmen – Kabelbetreiber erworben werden. Dieser Rechteerwerb ist hinsichtlich der vereinbarten Vergütungen jedoch nicht abschließend. Den Urhebern steht vielmehr zusätzlich zu den jeweils bestehenden Vergütungsvereinbarungen im Verhältnis Urheber – Sendeunternehmen und Sendeunternehmen – Kabelbetreiber ein gesetzlicher Vergütungsergänzungsanspruch gegen die Kabelunternehmen zu[354]. Dieser Korrekturanspruch verzerrt sowohl die vertraglichen Verhandlungen zwischen Urhebern und Sendeunternehmen als auch die Verhandlungen zwischen Sendeunternehmen und Kabelbetreibern. Im Verhältnis zu den Urhebern können Sendeunternehmen etwa versucht sein, die Sendehonorare mit Blick auf die Vergütungsansprüche aus § 20 b Abs. 2 S. 1 UrhG zu kürzen. Im Verhältnis zu den Kabelbetreibern müssen die Sendeunternehmen mit dem Einwand rechnen, dass die von ihnen übertragenen Rechte nicht vollständig und verlässlich geklärt sind, sondern zusätzliche Ansprüche über § 20 b Abs. 2 S. 1

---

[352] Grundlegend EuGH, Rs. 48/75, Slg. 1976, 497, Rn. 69 ff. – Royer; *Ruffert*, in: Callies/Ruffert, Kommentar zu EU-Vertrag und EG-Vertrag, 2. Aufl., 2002, Art. 249 EGV, Rn. 46 ff.

[353] Vgl. insbes. Erwägungsgründe 3 ff., 24, 27 ff.

[354] Etwas anderes gilt nur dann, wenn die Vergütung der Urheber im Verhältnis zu den Sendeunternehmen gemäß § 20 b Abs. 2 S. 4 UrhG in Tarifverträgen, Betriebsvereinbarungen oder gemeinsamen Vergütungsregeln geregelt ist.

UrhG drohen. Diese Problematik lässt sich in der Praxis lediglich durch Freistellungsklauseln zu Gunsten der Kabelbetreiber abmildern[355]. Sie waren in der Vergangenheit auch gängige Praxis[356], werden jedoch in jüngster Zeit von den Sendeunternehmen verweigert. Zudem machen die Sendeunternehmen geltend, die bestehenden Freistellungsklauseln erfassten Ansprüche aus § 20 b Abs. 2 UrhG nicht[357]. Die durch § 20 b Abs. 2 S. 1 UrhG bewirkte Verzerrung der Vertragsverhandlungen führt so zu einer Sonderstellung Deutschlands, die bereits als solche die von der Richtlinie angestrebte Vereinheitlichung und Erleichterung des Rechteerwerbs innerhalb der Europäischen Union in Frage stellt[358].

Hinzu kommt, dass § 20 b Abs. 2 UrhG unmittelbar den Regelungszweck des Art. 10 Satelliten- und Kabelrichtlinie aushöhlt. Die Vorschrift sieht – übereinstimmend mit der in den meisten Mitgliedstaaten gängigen Praxis – in dem einheitlichen Rechteerwerb der Kabelbetreiber von den Sendeunternehmen ausdrücklich eine Alternative zum Weg über Verwertungsgesellschaften, der in der Richtlinie in Art. 9 geregelt ist. In Deutschland verknüpft der Vergütungsergänzungsanspruch aus § 20 b Abs. 2 UrhG hingegen beide Formen des Rechteerwerbs. Selbst wenn die Kabelbetreiber von den Sendeunternehmen die Rechte erwerben, gewährleistet dies keine umfassende Rechteklärung. Vielmehr besteht die permanent latente Gefahr, dass die Verwertungsgesellschaften ergänzende Vergütungsansprüche geltend machen, weil die Vergütung, welche die Sendeunternehmen und Filmhersteller an die Urheber gezahlt haben, unzureichend ist. § 20 b Abs. 2 UrhG führt so zu erheblichen Rechtsunsicherheiten, verkompliziert die Vertragsverhandlungen und erschwert entgegen dem erklärten Ziel der Satelliten- und Kabelrichtlinie den Rechteerwerb. Die praktische Wirksamkeit des Art. 10 Satelliten- und Kabelrichtlinie ist damit nicht mehr gewährleistet.

---

355 Keine verlässliche Abhilfe bietet § 20 b Abs. 2 S. 4 UrhG, solange die Verwertungsgesellschaften Kabelweitersenderechte, die tarifvertraglich oder aufgrund von Betriebsvereinbarungen vergütet wurden, nicht in transparenter Weise bei der Bemessung der Vergütungsforderungen gemäß § 20 b Abs. 2 S. 1 UrhG ausnehmen.

356 Vgl. zur Vertragsgestaltung in den einzelnen Verträgen *Gounalakis/Mand*, Kabelweiterleitung und urheberrechtliche Vergütung, 2003, S. 9 f., 13 f., 18 f.

357 Vgl. dazu auch Punkt II 2 des am 20.9.2002 im Bundesanzeiger (S. 22307) veröffentlichten Tarifs der VG Media, welche die Rechte zahlreicher privater Rundfunkveranstalter wahrnimmt.

358 *Schwarz*, ZUM 1995, 687 (692).

Dies hat grundsätzlich auch die Kommission in ihrem Bericht zur Satelliten- und Kabelrichtlinie vom 26.7.2002[359] hervorgehoben. Darin wird die deutsche Regelung wegen der Erschwernis des Rechtserwerbs durch § 20 b Abs. 2 UrhG nachdrücklich und als einzige kritisiert:

„Die volle rechtliche Wirksamkeit von Artikel 10, nämlich die Existenz einer Alternative zum Grundsatz der Verhandlungen zwischen den Verwertungsgesellschaften und den Kabelbetreibern von Art. 9, wird in der deutschen Gesetzgebung erheblich abgeschwächt. Denn die Einführung eines Rechts auf angemessene Vergütung der Urheber, die von den Kabelbetreibern nur über eine Verwertungsgesellschaft entrichtet werden kann, erlaubt es nicht, dass nur zwischen dem Sendeunternehmen und dem Kabelbetreiber ein Vertrag abgeschlossen wird, weshalb sich die Verhandlungen im Zusammenhang mit der Kabelweiterverbreitung in Deutschland, anders als in anderen Mitgliedstaaten, schwieriger gestalten können."[360]

Der Umstand, dass die Kommission nur eine „Abschwächung" der Wirksamkeit sieht und – nicht zuletzt weil § 20 b Abs. 2 UrhG erst in jüngster Zeit tatsächlich praktische Relevanz erlangt hat – bisher auf das zunächst erwogene Vertragsverletzungsverfahren gegen Deutschland verzichtet hat, stellt die Unvereinbarkeit des Vergütungsergängzungsanspruchs mit der Satelliten- und Kabelrichtlinie nicht in Frage. Denn § 20 b Abs. 2 S. 1 UrhG gefährdet nicht nur in abstrakter Form die angestrebte Erleichterung und Vereinfachung des Rechteerwerbs. Er konterkariert auch die Vorgaben, welche die Richtlinie zur Erreichung dieses Ziel vorsieht. Art. 10 Satelliten- und Kabelrichtlinie regelt im Rahmen eines One-Stop-Shop Modells alternativ zu Verhandlungen mit Verwertungsgesellschaften einen Rechteerwerb über Sendeunternehmen. Diese Alternative stellt das deutsche Recht wegen § 20 b Abs. 2 UrhG nicht zur Verfügung. Die Umsetzung der Richtlinie in Deutschland gewährleistet somit nicht die volle praktische Wirksamkeit der Vorgaben der Richtlinie. § 20 b Abs. 2 S. 1 UrhG ist mit Sinn und Zweck des Art. 10 Satelliten- und Kabelrichtlinie unvereinbar. Einem Vertragsverletzungsverfahren gegen Deutschland gemäß Art. 226 EG sind also gute Erfolgsaussichten einzuräumen.

---

[359] Bericht der Europäischen Kommission über die Anwendung der Richtlinie 93/83/EWG des Rates zur Koordinierung bestimmter urheber- und leistungsschutzrechtlicher Vorschriften betreffend Satellitenrundfunk und Kabelweiterverbreitung, KOM (2002) 430 endg.
[360] Bericht der Kommission, KOM (2002) 430 endg., S. 6.

Selbst wenn man jedoch einen Verstoß gegen die Satelliten- und Kabelrichtlinie verneinen und lediglich eine noch hinnehmbare Abschwächung ihrer praktischen Wirksamkeit (effet utile) konstatieren wollte, erscheint es wenig sinnvoll, an einem singulären Regelungskonzept festzuhalten, das sich innerhalb Europas nicht durchgesetzt hat und die durchaus sinnvolle Zielsetzung eines einfachen und effizienten Rechteerwerbs zumindest beeinträchtigt.

II. Verfassungsrechtliche Bedenken

Neben die europarechtlichen Bedenken treten auch verfassungsrechtliche Zweifel an § 20 b Abs. 2 UrhG. Die Regelung eines gesetzlichen Vergütungsergänzungsanspruchs schränkt die verfassungsrechtlich durch Art. 2 Abs. 1 GG geschützte Vertragsfreiheit erheblich ein[361]. Die Einschränkung erweist sich dabei als besonders schwerwiegend, weil sie den Kern der Inhaltsfreiheit, die autonome Bestimmung der Vergütungshöhe[362], betrifft. Jedenfalls dann, wenn die gemäß § 20 b Abs. 2 UrhG geschuldete angemessene Vergütung unabhängig von bereits geleisteten vertraglichen Vergütungszahlungen an die Urheber bestimmt wird, greift der Vergütungsergänzungsanspruch daher ungerechtfertigt in Art. 2 Abs. 1 GG ein[363]. Aber auch dann, wenn man den Anspruch auf die Differenz zwischen der gezahlten und der angemessenen Vergütung begrenzt, unterliegt § 20 b Abs. 2 UrhG verfassungsrechtlichen Bedenken.

Dem steht nicht entgegen, dass die Privatautonomie und speziell die Vertragsfreiheit nur im Rahmen der Rechtsordnung gewährleistet sein können. Sie setzen ein bestehendes Ordnungsgefüge voraus, das Regeln zum Abschluss, Inhalt und zur Durchsetzung der getroffenen Abreden bereithält[364]. Der Gesetzgeber ist daher berechtigt und aufgefordert, die Vertragsfreiheit näher auszugestalten. Im vorliegenden Zusammenhang kommt hinzu, dass § 20 b Abs. 2 UrhG dem Schutz der aus Sicht des Gesetzgebers unterlegenen Vertragspartei dient. Zu diesem Schutz kann der Gesetzgeber auch die Freiheit zum eigenverantwortli-

---

[361] Vgl. Teil 3 D IV. Vgl. zur dogmatisch entsprechenden Vorschrift des § 32 UrhG des Entwurfs eines Gesetzes zur Stärkung der vertraglichen Stellung von Urhebern und ausübenden Künstlern v. 22.5.2000 auch *Gounalakis*, in: Gounalakis/Heinze/Dörr, Urhebervertragsrecht, 2001, S. 11 (40 ff., insbes. 44).
[362] BVerfGE 70, 1 (25).
[363] Vgl. Teil 3 D IV.
[364] BVerfGE 8, 274 (328); BVerwGE 1, 321 (323).

chen Handeln der anderen Vertragspartei einschränken[365]. Denn Freiheitsrechte führen nur dann zu einem Interessenausgleich, der die Rechtspositionen aller Beteiligten respektiert, wenn zwischen den Beteiligten ein annähernd gleiches Kräfteverhältnis besteht[366]. Der Gesetzgeber hat also nicht nur das Recht, sondern sogar die Pflicht, Mindeststandards zum Schutz der schwächeren Vertragspartei vorzusehen, die eine einseitige Inanspruchnahme vertraglicher Gestaltungsmacht durch den Stärkeren verhindern[367]. Welche Maßnahmen hierfür im Einzelnen geeignet, erforderlich und angemessen sind, hängt von der Einschätzung der Gefahrenlage und von notwendig unsicheren Prognosen ab. Man wird dem Gesetzgeber insoweit einen rechtspolitischen und prognostischen Freiraum zuzubilligen haben.

Die damit einhergehende Einschränkung der verfassungsrechtlichen Kontrolle bedeutet aber nicht, dass die Verhältnismäßigkeit eines die Vertragsfreiheit ausgestaltenden Gesetzes praktisch immer zu bejahen und dem Gesetzgeber jede beliebige Zwecksetzung und der Einsatz jedes zur Zweckerreichung nur irgendwie tauglich erscheinenden Mittels gestattet wäre. Der Gesetzgeber hat stets die Pflicht, bei der Ausgestaltung der Privatautonomie zuverlässige Gefahrenprognosen zugrunde zu legen und ein in sich stimmiges Regelungskonzept zu implementieren, das die gegenläufigen Grundrechtspositionen zu einem möglichst optimalen Ausgleich bringt. Die Kontrolldichte ist dabei umso größer, je stärker der privatautonome Freiheitsbereich verkürzt wird[368]. Einschränkungen der Vertragsfreiheit, die – wie die Festlegung eines selbständig neben die vertraglichen Vergütungsvereinbarungen tretenden, gesetzlichen Vergütungsergänzungsanspruchs - sehr weit reichen, können nur dann gerechtfertigt werden, wenn ihr substantiiert dargelegte und nachgewiesene Schutzzwecke gegenüberstehen, die

---

[365] *Dieterich*, in: Erfurter Kommentar zum Arbeitsrecht, Vorb. GG, Rn. 38; *Canaris*, AcP 184 (1984), 201 (208, 228).

[366] *Grimm*, Die Zukunft der Verfassung, 1991, S. 221 ff., insbes. 229.

[367] BVerGE 81, 242 (255) – Handelsvertreter; BVerfGE 89, 214 (232) – Bürgin. Beachtenswerte Kritik an der Denkfigur der Ungleichgewichtigkeit der Verhandlungsstärke als Rechtfertigung für Einschränkungen der Vertragsfreiheit äußert allerdings Zöllner, Die Privatrechtsgesellschaft im Gesetzes- und Richterstaat, 1996, S. 35 ff.

[368] *Dieterich*, in: Erfurter Kommentar zum Arbeitsrecht, Vorb. GG, Rn. 28; *Gounalakis*, in: Gounalakis/Heinze/Dörr, Urhebervertragsrecht, 2001, S. 11 (97 f.); vgl. allgemein auch *Sachs*, in: Sachs, GG, 2. Aufl. 2002, § 20 Rn. 152.

zumindest annähernd vergleichbar gewichtig sind[369]. Wird eine gesetzliche Regelung diesen Erfordernissen nicht gerecht, liegt keine zulässige Ausgestaltung der Vertragsfreiheit vor, sondern ein unverhältnismäßiger Eingriff in Art. 2 Abs. 1 GG. Vor diesem Hintergrund sprechen überwiegende Gründe gegen die Verfassungskonformität des § 20 b Abs. 2 UrhG. Die Bedenken richten sich insbesondere gegen die Erforderlichkeit und die Angemessenheit der Regelung.

1. Erforderlichkeit

Erforderlich ist ein Gesetz dann, wenn es unter mehreren für die Verwirklichung des angestrebten Zwecks in Betracht kommenden, gleichermaßen geeigneten Mitteln die am geringsten belastende Maßnahme trifft[370]. Legitimer Zweck des § 20 b Abs. 2 UrhG ist es, das Ungleichgewicht in der Verhandlungsstärke zwischen Sendeunternehmen bzw. Filmeherstellern und Urhebern auszugleichen, um eine angemessene Vergütung der Urheber für die Kabelweitersenderechte sicherzustellen. Hierfür kann der Anspruch unter Berücksichtigung der Einschätzungsprärogative des Gesetzgebers an sich auch als geeignet angesehen werden[371]. Sehr zweifelhaft erscheint aber, ob das gewählte Mittel zur Zweckerreichung tatsächlich notwendig ist.

Der Gesetzgeber selbst gesteht in der Amtl. Begründung zur 4. Urheberrechtsnovelle ein, dass es anstelle der Regelung des § 20 b UrhG genauso gut möglich gewesen wäre, „das zu Lasten der Urheber und ausübenden Künstler bestehende Machtgefälle bei der Verhandlung über die Vergabe des Rechts zur Kabelweitersendung auch durch eine das Vertragsverhältnis mit dem Sendeunternehmen oder dem sonstigen Produzenten betreffende Vergütungsregelung auszugleichen"[372]. Ein solches Regelungskonzept sehen nunmehr die Neuregelungen des

---

[369] Vgl. dazu *Gounalakis*, in: Gounalakis/Heinze/Dörr, Urhebervertragsrecht, 2001, S. 11 (97 f.) mit zahlreichen Nachweisen aus der Rechtsprechung.

[370] *Sachs*, in: Sachs, GG, 2. Aufl. 2002, § 20 Rn. 152; *Jakobs*, Der Grundsatz der Verhältnismäßigkeit, 1985, S. 66 f.

[371] *Dreier*, in: Dreier/Schulze, UrhG, 2004, § 20 b Rn. 17. Allerdings schwächen die größeren Schwierigkeiten und Transaktionskosten infolge der durch § 20 b Abs. 2 URhG bedingten zweigleisigen Verhandlungen beim Rechteerwerb die Ertragskraft der Medienunternehmen. Dies wirkt sich letztlich ebenso wie die durch § 20 b Abs. 2 UrhG verursachte Rechtsunsicherheit nachteilig auch auf die Vergütung der Urheber und Leistungsschutzberechtigten aus.

[372] BT-Drs. 13/4796, S. 2 unter C. Alternativen.

Gesetzes zur Stärkung der vertraglichen Stellung der Urheber und ausübenden Künstler explizit vor.

Die §§ 32 Abs. 1, 32 a Abs. 1 UrhG gewähren einen Anspruch auf Anhebung der Vergütung bei unangemessenen vertraglichen Abreden. Soweit die Sendeunternehmen die Urheber nicht angemessen vergütet haben, können diese folglich eine Vertragsanpassung verlangen. Die Neuregelungen der §§ 32 Abs. 1, 32 a Abs. 1 UrhG gleichen daher das bestehende Machtgefälle des Urhebers und ausübenden Künstlers gegenüber den Sendeunternehmen und Filmproduzenten aus[373]. Zudem besteht unter den Voraussetzungen des § 32 a Abs. 2 UrhG ein Anspruch gegen einen Dritten, wenn dieser die Kabelweitersenderechte von den Sendeunternehmen zu Bedingungen erwirbt, die in einem auffälligen Missverhältnis zu seinen aus der Nutzung fließenden Erträgen und Vorteilen stehen[374]. Aufgrund der Implementierung dieser Vorschriften erscheint die mit dem gesetzlichen Vergütungsanspruch verbundene Einschränkung der Privatautonomie daher bereits nach der eigenen Einschätzung des Gesetzgebers nicht mehr erforderlich. An dieser Einschätzung muss sich der Gesetzgeber, der keine Argumente für das Bedürfnis nach einer doppelten Ausgleichsmöglichkeit der als unzulänglich eingestuften Vergütungsabreden dargetan hat, festhalten lassen[375].

Auch objektiv lässt sich die Erforderlichkeit des § 20 b Abs. 2 UrhG nicht belegen, zumal die Schwere des Eingriffs in die Vertragsfreiheit die Begründungsanforderungen deutlich erhöht. Darzulegen wären substantiierte und durch zuverlässige Gefahrenprognosen untermauerte Gründe, die für eine doppelte Anpassungsmöglichkeit vertraglicher Vergütungsvereinbarungen im Verhältnis zwischen den Vertragsparteien und gleichzeitig im Verhältnis zu den Kabelbetreibern sprechen[376]. Solche Gründe sind jedoch nicht erkennbar.

---

373 Ausführlich zur Anwendung der §§ 32, 32 a Abs. 1 UrhG auf den Erwerb von Kabelweitersenderechten oben Teil 3 E I.

374 Teil 3 E I 3 b.

375 Vgl. zur Einschränkung des prognostischen Spielraums des Gesetzgebers infolge einer eigenen Einschätzung der jeweiligen Interessen und Gefahren in der Vergangenheit und den daraus erwachsenden qualifizierten Begründungsanforderungen bei abweichenden Entscheidungen in der Zukunft, wenn tatsächliche Erkenntnisse im Übrigen fehlen: BVerfG, NZS 2003, 313 (314) – Impfstoffversand an Ärzte.

376 Vgl. zu diesen Anforderungen im Zusammenhang mit der Regelung eines die Vertragsfreiheit beschränkenden selbständigen gesetzlichen Vergütungsergänzungsanspruchs auch *Gounalakis*, in: Gounalakis/Heinze/Dörr, Urhebervertragsrecht, 2001, S. 11 (98 f.) m.w.N.

Die neuen Korrekturansprüche gemäß §§ 32, 32 a UrhG erweisen sich als durchaus praktikabel, um etwaige Vergütungsdefizite auch im Bereich der Kabelweitersendung auszugleichen. Sie führen zu differenzierten Ergebnissen und gewährleisten die Einzelfallgerechtigkeit. Doppelzahlungen und Doppelvergütungen werden vermieden. Praktisch wie dogmatisch unbefriedigende Konsequenzen drohen nicht. Vor diesem Hintergrund ist nicht ersichtlich, warum gerade für den Schutz der Urheber im Bereich der Kabelweitersendung neben den Möglichkeiten zur direkten Korrektur unzureichender vertraglicher Vereinbarungen zwischen Sendeunternehmen und Urhebern noch eine weitere Regelung erforderlich sein sollte, die über das anzupassende Vertragsverhältnis hinaus gegen das Kabelunternehmen wendet. Die Regelung des § 20 b Abs. 2 UrhG erweist sich zur Erreichung des angestrebten Zwecks daher bereits als nicht erforderlich.

2. Angemessenheit

Darüber hinaus ist sie auch nicht verhältnismäßig im engeren Sinne. Dieses Erfordernis bringt zum Ausdruck, dass selbst eine an sich erforderliche und geeignete Maßnahme verfassungsrechtlich nicht gerechtfertigt werden kann, wenn sie außer Verhältnis steht zu dem mit ihr verfolgten Zweck. Die Angemessenheitsprüfung erfordert insoweit eine Güterabwägung zwischen den grundrechtlich geschützten Interessen der Betroffenen und den verfolgten öffentlichen Belangen bzw. den zu schützenden Interessen Dritter[377]. Speziell bei der Ausgestaltung der Vertragsfreiheit kommt es darauf an, dass die jeweilige Regelung die gegenläufigen Interessen und Grundrechtspositionen in einer Weise ausgleicht, die einerseits den Schutz der schwächeren Seite nicht ineffektiv belässt, andererseits aber auch die rechtlich geschützten Interessen der Gegenseite berücksichtigt und den Bedürfnissen der Rechtssicherheit genügt[378]. Diesen Anforderungen genügt das in sich unstimmige Regelungskonzept des § 20 b Abs. 2 UrhG nicht.

Die Vorschrift verknüpft den Ausgleich individuell unzulänglicher Vergütungsabreden mit einem kollektiv von den Verwertungsgesellschaften geltend zu machenden gesetzlichen Vergütungsergänzungsanspruch. Dies führt zu massiven

[377] BVerfGE 50, 217 (227); *Sachs*, in: Sachs, GG, 2. Aufl. 2002, Art. 20 Rn. 154 ff.; Jacobs, Der Grundsatz der Verhältnismäßigkeit, 1985, S. 13 f.
[378] BVerfG 89, 214 (231 f.) – Bürgin.

praktischen Schwierigkeiten und dogmatischen Friktionen. Eine den Grundanforderungen materieller Gerechtigkeit genügende Ausfüllung des Anspruchs ist im Ganzen kaum möglich, weil weder Anspruchssteller noch Anspruchsgegner über die notwendigen Informationen hinsichtlich der bereits geleisteten Vergütungszahlungen an die Urheber verfügen[379].

Noch problematischer ist das Regelungskonzept auf der Ebene der einzelnen Grundrechtsträger. Hier ist der gesetzliche Vergütungsanspruch nicht nur dogmatisch unbefriedigend[380]. Er führt auch zu unbilligen Ergebnissen. Da eine Überprüfung, ob der einzelne Urheber für sein Kabelweitersenderecht bereits eine Vergütung von den Sendeunternehmen oder Filmherstellern erhalten hat, nicht durchgängig möglich ist, sind in der Praxis Doppelvergütungen einzelner Urheber unvermeidlich[381]. Diesen Überbezahlungen stehen theoretisch Minderkompensationen derjenigen Urheber gegenüber, die ihre Kabelweitersenderechte an Sendeunternehmen und Filmhersteller übertragen haben, ohne dafür eine Vergütung zu erhalten. Denn bei der Ermittlung der angemessenen Vergütung im Rahmen des Vergütungsergänzungsanspruchs sind bereits geleistete Zahlungen insgesamt anspruchsmindernd in Ansatz zu bringen[382]. Derartige Unbilligkeiten und Friktionen sind angesichts der besonderen Intensität der Beschränkung der Vertragsfreiheit durch § 20 b Abs. 2 UrhG selbst im Rahmen des dem Gesetzgeber zuzubilligenden Ausgestaltungsspielraums verfassungsrechtlich nicht zu rechtfertigen.

Gegen die Angemessenheit der Regelung spricht dabei zusätzlich, dass die im Rahmen des § 20 b Abs. 2 UrhG passivlegitimierten Kabelunternehmen bei der Verwertung der Kabelweitersenderechte eine sehr unterschiedliche Stellung einnehmen können. Sie können die Rechte einerseits selbst vermarkten, andererseits aber auch lediglich unselbständige technische Hilfe beim Transport fremder Sendungen leisten. Letzteres ist im Rahmen des für die inländischen Programme geltenden Transportmodells in Deutschland derzeit üblich. Im Ergebnis begründet § 20 b Abs. 2 S. 1 UrhG unter diesen Voraussetzungen einen gesetzliche Vergütungsergänzungsanspruch, der sich nicht nur von den Vertragsverhält-

---

[379] Vgl. Teil 3 D VII.

[380] *Dreier*, in: Dreier/Schulze, UrhG, 2004, § 20 b Rn. 14; *ders.*, in: Walter (Hrsg.), Europäisches Urheberrecht, 2001, Satelliten- und Kabelrichtlinie, Rn. 17.

[381] *Dreier*, in: Dreier/Schulze, UrhG, 2004, § 20 b Rn. 14. Vgl. auch Teil 3 D VII.

[382] Ausführlich Teil 3 D III, IV.

nissen löst, deren Vergütungsabreden zu korrigieren sind, sondern auch von der urheberrechtlichen Nutzungshandlung selbst. Anknüpfungspunkt für die Einschränkung der Vertragsfreiheit ist allein die technische Unterstützung fremder Verwertungshandlungen. Die Belastung mit dem Vergütungsergänzungsanspruch steht damit in keinem angemessenen Verhältnis zur persönlichen Verantwortlichkeit der Kabelbetreiber. § 20 b Abs. 2 UrhG führt materiell zu unstimmigen Ergebnissen und erfordert Ausgleichsansprüche im Innenverhältnis zwischen Sendeunternehmen und Kabelbetreibern[383].

Nach allem kann die durch den gesetzlichen Vergütungsergänzungsanspruch bedingte massive Einschränkung der Vertragsfreiheit nicht mehr als angemessener Ausgleich der gegenläufigen Interessen angesehen werden, der den Schutz des Art. 2 Abs. 1 GG für alle Beteiligten möglichst weitgehend wirksam werden lässt. Die Legitimation für die Vorschrift des § 20 b Abs. 2 UrhG, die erhebliche Rechtsunsicherheiten heraufbeschwört und den Rechteerwerb erschwert, ist jedenfalls nach der Implementierung der neuen Korrekturansprüche entfallen. Sie greift unverhältnismäßig in die Vertragsfreiheit der Beteiligten ein. § 20 b Abs. 2 UrhG ist deshalb zu streichen.

III. Systemwidrigkeit gegenüber dem Urhebervertragsrecht

Für eine Streichung des gesetzlichen Vergütungsergänzungsanspruchs lässt sich weiterhin auch die Einheitlichkeit und konzeptionelle Stimmigkeit des Urhebervertragsrechts anführen: Mit den neuen vertraglichen Korrekturansprüchen gemäß §§ 32, 32 a UrhG hat der Gesetzgeber sein im Kabinettsentwurf vom 31.5.2001 verfolgtes Konzept, in § 32 UrhG einen allgemeinen gesetzlichen Vergütungsanspruch nach dem Vorbild des § 20 b Abs. 2 UrhG zu schaffen, aufgegeben und damit der berechtigten Kritik in der Literatur und des Bundesrates Rechnung getragen[384]. Stattdessen hat er sich dafür entschieden, vertragliche Benachteiligungen der Urheber grundsätzlich durch Anpassung der bestehenden Verträge zu korrigieren. Nur bei dem Anspruch auf weitere Beteiligung gemäß § 32 a UrhG hat er im Spezialfall des § 32 a Abs. 2 UrhG das System des Vertrages verlassen.

[383] Vgl. dazu auch *Mand*, ZUM 2003, 812 (817).
[384] Vgl. die Begründung zur Neufassung des § 32 UrhG in der Beschlussempfehlung des Rechtsausschusses v. 23.1.2002, BT-Drs. 14/8058, S. 42 f.

Die Beibehaltung des gesetzlichen Vergütungsanspruchs gemäß § 20 b Abs. 2 UrhG führt mithin zu einem konzeptionellen Bruch des Urhebervertragsrechts. Neben die ausdifferenzierten, den vertraglichen Beziehungen so weit wie möglich folgenden Korrekturansprüchen des neuen Urhebervertragsrechts, tritt im Bereich der Kabelweitersenderechte eine Vorschrift, deren Regelungskonzept der Gesetzgeber im Übrigen bewusst verworfen hat. Dies überzeugt rechtsdogmatisch nicht.

Unabhängig von der systematischen und konzeptionellen Stimmigkeit wirft die Koexistenz zweier unterschiedlicher Regelungsinstrumentarien zur Gewährleistung der angemessenen vertraglichen Vergütung aber auch schwierige Abgrenzungsfragen auf[385]. Die vertraglichen Korrekturansprüche gemäß §§ 32, 32 a UrhG und der gesetzliche, nur von Verwertungsgesellschaften geltend zu machende Vergütungsergänzungsanspruch aus § 20 b UrhG gewähren gleichzeitig individuelle und kollektive Ansprüche, die sich in aller Regel gegen unterschiedliche Personen richten. Zumeist werden deshalb sowohl die Aktivlegitimation als auch die Passivlegitimation auseinander fallen. So besteht die nahe liegende Möglichkeit, dass eine Verwertungsgesellschaft wegen desselben Sachverhalts Ansprüche gegen das Kabelunternehmen geltend macht, während der Urheber gleichzeitig gemäß § 32 a Abs. 1 UrhG gegen das Sende- oder gemäß § 32 a Abs. 2 UrhG gegen das Kabelunternehmen vorgeht, weil die von ihm mit den Sendeunternehmen ausgehandelte Vergütung in einem auffälligen Missverhältnis zum Verwertungserfolg steht[386]. Dies belastet die Rechtssicherheit erheblich. Die Vorschrift des § 20 b Abs. 2 UrhG sollte deshalb auch im Interesse der konzeptionellen Stimmigkeit des Urhebervertragsrechts und der Rechtssicherheit gestrichen werden.

IV. Strukturelle Regelungsdefizite des § 20 b Abs. 2 UrhG

Auf dem 64. Deutschen Juristentag 2002 in Berlin wurden die Grundanforderungen an eine zukunftsfähige und konvergenztaugliche Medienordnung disku-

---

[385] Ausführlich Teil 3 D II.

[386] Da der Urheber im Voraus über Ansprüche aus § 32 a Abs. 1 und Abs. 2 UrhG generell nicht disponieren kann, kann auch nicht von einer (konkludenten) Übertragung dieser Ansprüche an die Verwertungsgesellschaft ausgegangen werden. Allenfalls könnte man die selbständige Geltendmachung von Ansprüchen aus § 32 a UrhG durch den Urheber als rechtsmissbräuchlich im Sinne des § 242 BGB einstufen.

tiert. Übereinstimmend hob man hervor, dass die Chancen auf dem Weg in die Informationsgesellschaft nur bei einem investitions- und innovationsfreundlichen Regelungsrahmen tatsächlich genutzt werden können[387]. Dies steht Bestimmungen, die – wie auch § 20 b Abs. 2 UrhG – dem Schutz anerkannter Individual- und Gesellschaftsinteressen dienen, nicht entgegen. Die betreffenden Regelungen sind aber nach Möglichkeit so auszugestalten, dass Innovationen und Investitionen gefördert oder zumindest nicht behindert werden[388]. Auch diesen Anforderungen wird § 20 b Abs. 2 UrhG nicht gerecht.

Angesichts des globalen Standortwettbewerbs setzten Innovationen und Investitionen in erster Linie schnelle und transparente Verfahren voraus[389]. Im Bereich der Verbreitung von Rundfunkprogrammen über Kabelnetze gilt dies in besonderer Weise. Denn hier treten zu den allgemeinen wirtschaftlichen Risiken noch große Unwägbarkeiten über die künftige Marktentwicklung hinzu. Außerdem sind die notwendigen Investitionen regelmäßig besonders hoch. Diese Marktrisiken sollten durch eine undurchsichtige Rechtslage nicht noch verschärft werden[390]. Genau dazu führt aber § 20 b Abs. 2 UrhG. Die Vorschrift verkompliziert die vertragliche Gestaltung des Rechtserwerbs erheblich.

Sofern die Kabelbetreiber die Senderechte selbst nutzen, spaltet die Vorschrift die Verwertungskette Urheber – Sendeunternehmen – Kabelbetreiber auf. Die Kabelbetreiber müssen die Vergütung zweimal aushandeln. Neben die Verhandlungen über den Erwerb der Nutzungsrechte mit den Sendeunternehmen treten Verhandlungen mit den Verwertungsgesellschaften über den gesetzlichen Vergütungsergänzungsanspruch. Deren Abschluss hat wiederum Auswirkungen auf die vertraglichen Abreden mit den Sendeunternehmen. Gegebenenfalls sind erneute Verhandlungen über etwaige Freistellungen und Vergütungsanrechnungen erforderlich[391]. Dies erfordert einen erheblichen zeitlichen Aufwand und erhöht zu Lasten von Werknutzern, Urhebern und Verbrauchern die Transaktionskosten erheblich.

---

[387] Vgl. nur *Gounalakis*, Gutachten C zum 64 DJT, Berlin 2002, C 65 ff.
[388] *Hoffmann-Riem*, Regulierung der dualen Rundfunkordnung, 2000, S. 153 f.
[389] *Gounalakis*, Gutachten C zum 64 DJT, Berlin 2002, C 72 m.w.N.
[390] *Badura*, in: FS für Knöpfle, 1996, 1 (8 f.).
[391] Vgl. dazu auch die kartellrechtlichen Auseinandersetzungen um die bestehenden Freistellungsklauseln zwischen Sendeunternehmen und Kabelbetreibern, *Gounalakis/Mand*, Kabelweiterleitung und urheberrechtliche Vergütung, 2003, S. 2 und passim.

Falls die Kabelunternehmen die Weitersenderechte nicht selbst nutzen, sondern – wie unter den Bedingungen des Transportmodells in Deutschland – lediglich als Telekommunikationsdienstleister an der Verbreitung fremder Sendungen technisch mitwirken, richtet sich die Haftung des § 20 b Abs. 2 UrhG materiell letztlich gegen den Falschen. Denn die Kabelbetreiber tragen hier nicht nur keine Verantwortung für die unzureichende vertragliche Vergütungspraxis, die § 20 b Abs. 2 UrhG auszugleichen sucht. Sie sind auch urheberrechtlich nicht als Sendende für den Nutzungsvorgang verantwortlich und müssen damit die Kabelweitersenderechte nicht selbst erwerben. Etwaige Belastungen aus dem gesetzlichen Vergütungsergänzungsanspruch sind folglich notwendig wieder auf die Sendeunternehmen zurück zu übertragen. Ein solcher Umweg ist mit enormen Transaktionskosten verbunden und angesichts der bestehenden Möglichkeiten, die als ausgleichsbedürftig angesehenen vertraglichen Vergütungsabreden zwischen Sendeunternehmen, Tonträger- bzw. Filmherstellern und Urhebern direkt zu korrigieren, mit dem Gebot eines einfachen und transparenten Regelungskonzepts zum Ausgleich gegenläufiger Interessen nicht in Einklang zu bringen. Letztlich ist die Vorschrift des § 20 b Abs. 2 UrhG strukturell nicht in der Lage, die unterschiedliche Stellung der Kabelbetreiber im Transport- und Vermarktungsmodell angemessen zu erfassen.

Insgesamt erweist sich das Regelungskonzept des § 20 b Abs. 2 UrhG mithin als nicht geeignet, um den Grundanforderungen einer investitionsfreundlichen und innovationsoffenen Rechtsordnung gerecht zu werden. Auch aus ordnungspolitischen Gründen sollte § 20 b Abs. 2 UrhG daher zugunsten der differenzierteren Regelung in den §§ 32, 32 a UrhG gestrichen werden.

V. Alternativen zur Streichung

Aufgrund der dargelegten europarechtlichen und verfassungsrechtlichen Bedenken gegen das Regelungskonzept des § 20 b Abs. 2 UrhG und mit Blick auf die rechtsdogmatischen und praktischen Defizite des gesetzlichen Vergütungsergänzungsanspruchs erscheint eine Streichung der Vorschrift alternativlos. Modifizierungen sind allenfalls geeignet, einige Bedenken gegen § 20 b Abs. 2 UrhG zu entschärfen. Die grundsätzlichen Defizite eines gesetzlichen Vergütungsergänzungsanspruchs, der sich von den zu korrigierenden vertraglichen Abreden löst und gegen einen Dritten richtet, können dadurch aber nicht beseitigt werden.

1. Anordnung einer nur subsidiären Geltung gegenüber den vertraglichen Korrekturansprüchen aus §§ 32, 32 a UrhG

Hält man an § 20 b Abs. 2 UrhG fest, könnte der größte Gewinn an Rechtssicherheit und rechtsdogmatischer Stimmigkeit dadurch erzielt werden, dass den neuen vertraglichen Korrekturansprüchen gegenüber dem gesetzlichen Vergütungsergänzungsanspruch der Vorrang eingeräumt wird. Dies milderte insbesondere die Abgrenzungsschwierigkeiten zwischen den derzeit bestehenden doppelten Korrekturmöglichkeiten. Zudem wäre im Ansatz weder eine Über- noch eine Unterkompensation einzelner Urheber zu besorgen und damit der Einzelfallgerechtigkeit besser gedient.

Die Anordnung einer solchen nachrangigen Geltung des § 20 b Abs. 2 UrhG gegenüber den neuen vertraglichen Korrekturansprüchen führte jedoch ebenfalls zu Abgrenzungsschwierigkeiten, wenn der Versuch des Urhebers scheitert, über §§ 32, 32 a UrhG eine Anhebung der vertraglichen Vergütung durchzusetzen. Letztlich erscheint insoweit nur eine Ausgestaltung sinnvoll, die § 20 b Abs. 2 UrhG ausschließlich die Funktion einer Ausfallhaftung zuweist, um dem Urheber einen solventen Schuldner zu sichern. Ob hierfür ein Bedürfnis besteht, erscheint jedoch zweifelhaft.

2. Hinweis auf gemeinsame Vergütungsregeln gemäß § 36 UrhG in § 20 b Abs. 2 S. 4 UrhG

Im Rahmen der Diskussion um mögliche Anpassungen des gesetzlichen Vergütungsergänzungsanspruchs wird vielfach eine Ergänzung des § 20 b Abs. 2 S. 4 UrhG befürwortet. Neben Tarifverträgen und Betriebsvereinbarungen solle die Regelung des § 20 b Abs. 2 S. 1 UrhG künftig explizit auch gemeinsamen Vergütungsregeln von Sendeunternehmen und Urhebern „nicht entgegenstehen". Ein solcher Hinweis auf gemeinsame Vergütungsregeln in § 20 b Abs. 2 S. 4 UrhG liegt in der Tat in der Logik des Vergütungsergänzungsanspruchs. Schon jetzt erscheint hier eine analoge Anwendung des § 20 b Abs. 2 S. 4 UrhG trotz des Ausnahmecharakters der Vorschrift möglich und geboten[392]. De lege ferenda sollte im Zusammenhang mit der Ergänzung allerdings ausdrücklich klargestellt werden, dass für Kabelweitersenderechte, die auf der Grundlage von Tarifver-

392 Teil 3 D I.

trägen, Betriebsvereinbarungen und gemeinsamen Vergütungsregeln im Sinne des § 36 UrhG vergütet werden, keine zusätzlichen Vergütungsergänzungsansprüche gemäß § 20 b Abs. 2 UrhG geltend gemacht werden können. Auf diese Weise ließen sich die Unsicherheiten über die Bedeutung des § 20 b Abs. 2 S. 4 UrhG, die durch den undeutlichen Wortlaut der Vorschrift bedingt sind („steht nicht entgegen")[393], beseitigen.

Selbst bei einer solchen Klarstellung bleiben die praktischen Schwierigkeiten bei der Anwendung der Ausnahmebestimmung gemäß § 20 b Abs. 2 S. 4 UrhG jedoch erhalten. Derzeit berücksichtigen die Verwertungsgesellschaften etwaige tarifvertragliche Regelungen und Betriebsvereinbarungen über die Vergütung der Kabelweitersenderechte nicht in nachvollziehbarer Form, weil ihnen die hierfür notwendigen Informationen fehlen. Sofern die Ausnahmevorschrift auf gemeinsame Vergütungsregeln erstreckt wird, wird dieses Problem noch verschärft.

Im Übrigen könnte der Verweis auf § 36 UrhG und damit auf eine Vorschrift des neuen Urhebervertragsrechts so interpretiert werden, dass § 20 b Abs. 2 UrhG und die neuen vertraglichen Korrekturansprüche gemäß §§ 32 ff. UrhG parallel anwendbar sind. Dies ist jedoch wegen der dadurch heraufbeschworenen Abgrenzungsschwierigkeiten und Rechtsunsicherheiten keine sinnvolle Regelungsoption. Bei einer entsprechenden Ergänzung des § 20 b Abs. 2 S. 4 UrhG müsste deshalb das Verhältnis zu den neuen vertraglichen Vergütungsansprüchen verdeutlicht werden. Im Interesse der Einheitlichkeit des neu geschaffenen Urhebervertragsrechts, das für die Vergütung der Kabelweitersendung eine differenzierte und sachgerechte Lösung bereithält, und der aufgezeigten Defizite des gesetzlichen Vergütungsergänzungsanspruchs, kann dies nur bedeuten, dass § 20 b Abs. 2 UrhG explizit die Funktion einer nachrangigen Ausfallhaftung zugewiesen wird.

Die Ergänzung des § 20 b Abs. 2 S. 4 UrhG um gemeinsame Vergütungsregeln im Sinne des § 36 UrhG schwächt demnach die Bedenken gegen die Regelungskonzeption des § 20 b Abs. 2 S. 1 UrhG allenfalls minimal ab. Die wesentlichen europarechtlichen und verfassungsrechtlichen wie auch die rechtsdogmatischen und praktischen Einwände bleiben davon unberührt. Eine Ergänzung des § 20 b

[393] Vgl. dazu Teil 3 D I.

Abs. 2 S. 4 UrhG stellt mithin keine tragfähige Alternative zur Streichung des § 20 b Abs. 2 UrhG dar.

G. Fazit

Der innerhalb der EU und – soweit ersichtlich – weltweit einmalige gesetzliche Vergütungsergänzungsanspruch gemäß § 20 b Abs. 2 UrhG erlaubt es nicht, dass Kabelbetreiber die Kabelweitersenderechte im Wege eines One-Stop-Shop Modells rechtssicher von den Sendeunternehmen erwerben. Dies beeinträchtigt die praktische Wirksamkeit des Art. 10 Satelliten- und Kabelrichtlinie erheblich. Die Vorschrift erschwert gegen den Regelungszweck der Richtlinie die Rechteklärung und verstößt deshalb gegen Gemeinschaftsrecht.

Der Vergütungsergänzungsanspruch unterliegt wegen der damit verbundenen Einschränkung der Vertragsfreiheit gemäß Art. 2 Abs. 1 GG auch durchgreifenden verfassungsrechtlichen Bedenken. § 20 b Abs. 2 UrhG ist ursprünglich als Korrekturanspruch für nicht angemessene Vergütungen speziell im Bereich der Kabelweitersendung konzipiert worden. Durch die Einführung der vertraglichen Korrekturansprüche gemäß §§ 32, 32 a UrhG ist das Bedürfnis für die Regelung entfallen. Die Entscheidung des Gesetzgebers, § 20 b Abs. 2 UrhG gleichwohl beizubehalten, erweist sich nicht als angemessener Ausgleich der kollidierenden Grundrechtspositionen, sondern als unverhältnismäßiger Eingriff in die Privatautonomie.

Die Koexistenz zweier unterschiedlicher Verfahren zur Korrektur unzureichender Vergütungsabreden schafft zugleich erhebliche Rechtsunsicherheit und stellt die konzeptionelle Stimmigkeit und Einheit des Urhebervertragsrechts in Frage. Darüber hinaus erhöht der zusätzliche Vergütungsergänzungsanspruch die Transaktionskosten beim Rechteerwerb erheblich und verzerrt die Vertragsverhandlungen zwischen allen Beteiligten. Dies gilt insbesondere unter den Bedingungen des in Deutschland praktizierten Transportmodells, das von § 20 b Abs. 2 UrhG strukturell nicht befriedigend erfasst werden kann.

Da eine Modifikation der Vorschrift die aufgezeigten Bedenken allenfalls geringfügig abmildern, nicht aber beseitigen kann, sollte der Gesetzgeber den Anspruch vollständig streichen.

Teil 4: Zusammenfassung der Ergebnisse in Thesen

A. Kabelweitersendung als urheberrechtlicher Verwertungstatbestand

I. Urheberrechtliche Einordnung der Kabelweitersendung

1. Das dem Urheber gemäß § 20 UrhG zustehende Senderecht umfasst auch die zeitgleiche, vollständige und unveränderte Weiterübertragung von Rundprogrammen über das Kabelnetz. § 20 b Abs. 1 UrhG, der das Kabelweitersenderecht definiert und die Ausübung des Rechts regelt, bestätigt dies. Grundlage für das Kabelweitersenderecht bleibt trotz der Ausübungsregelungen in § 20 b Abs. 1 UrhG aber weiterhin das Senderecht gemäß § 20 UrhG.

2. Das Kabelweitersenderecht ist nicht als ein neues, eigenständiges Nutzungsrecht einzustufen. Entgegen der Kritik in der Literatur kann der entsprechenden Argumentation des BGH nicht entgegengehalten werden, dass sie die Position und Perspektive der Verbraucher in den Vordergrund rückt. Im Gegenteil trägt gerade die Berücksichtigung des Verbrauchers dem System der urheberrechtlichen Vergütung Rechnung.

3. Die geläufige Zuordnung des Kabelweitersenderechts zu den Zweitverwertungsrechten überzeugt nicht. Typische Zweitverwertungsrechte erfassen Nutzungen, die das Vergütungssystem für die Erstverwertung nicht berücksichtigt. Bei der Kabelweitersendung können die Urheber für die Einräumung der Kabelweitersenderechte in einem bestimmten Gebiet jedoch verhandeln, dabei Art und Reichweite der Auswertung ihrer Werke näher bestimmen und eine entsprechende Vergütung verlangen. Das Kabelweitersenderecht unterscheidet sich insoweit wesensmäßig von Zweitverwertungsrechten.

II. Kabelweitersendung im Versorgungsbereich des Ursprungssendeunternehmens

4. Nach dem Wortlaut des § 20 UrhG erfasst das Senderecht jeden Weitersendevorgang. Griffe die Kabelweitersendung von Rundfunkprogrammen im Versorgungsbereich des Ursprungssendeunternehmens aber erneut in das Senderecht ein, müsste der Verbraucher für den Empfang der Sendung über das Ka-

belnetz eine doppelte Urheberrechtsvergütung zahlen. Eine solche zusätzliche Belastung der Verbraucher ist nicht gerechtfertigt.

5. De lege lata ist eine dem Gebot der Billigkeit entsprechende Einschränkung des Senderechts im Versorgungsbereich bzw. im intendierten Sendebereich des Ursprungssendeunternehmens nur schwer möglich. Sämtliche Versuche, den Wortlaut des § 20 UrhG sachgerecht zu beschränken, können dogmatisch kaum überzeugen. Die Rechtsprechung scheint deshalb nicht mehr bereit zu sein, das geltende Rechts aufgrund von Billigkeitserwägungen korrigierend auszulegen. Das Bedürfnis für eine Begrenzung des Kabelweitersenderechts im Versorgungsbereich bzw. intendierten Sendebereich des Ursprungssendeunternehmens ist indessen nicht entfallen. Der Gesetzgeber ist daher aufgerufen, de lege ferenda klarzustellen, dass die Weitersendung von Programmen in diesem Gebiet nicht erneut in das Senderecht eingreift.

6. Eine derartige Regelung ist international nicht unüblich. Namentlich Staaten wie Österreich und Großbritannien, deren Rundfunkordnungen aufgrund der starken Stellung des öffentlich-rechtlichen Rundfunks dem dualen System in Deutschland ähnlich sind, haben den Versorgungsbereich des Ursprungssendeunternehmens tatbestandlich vom Kabelweitersenderecht ausgenommen. An diesen Regelungen kann sich der deutsche Gesetzgeber orientieren.

7. Aus dem Gemeinschaftsrecht lassen sich keine Einwände gegen eine gesetzliche Freistellung des Versorgungsbereichs erheben. Die Satelliten- und Kabelrichtlinie regelt ausschließlich die Weiterleitung ausländischer Programme in inländischen Kabelnetzen. Sie überlässt die Ausgestaltung des Kabelweitersenderechts im Inland dagegen explizit den Mitgliedstaaten. Das in der Richtlinie 2001/29/EG zur Harmonisierung bestimmter Aspekte des Urheberrechts und der verwandten Schutzrechte in der Informationsgesellschaft (Info-Richtlinie) statuierte umfassende Recht der öffentlichen Wiedergabe schließt zwar das Recht der Kabelweitersendung ein, enthält aber keine näheren Vorgaben zu dessen Voraussetzungen.

8. Die Freistellung des Versorgungsbereichs ist entgegen einer häufig vertretenen Ansicht auch mit den Vorgaben internationaler Übereinkommen auf dem Gebiet des Urheberrechts vereinbar. Weder die RBÜ noch der WCT stehen einer Einschränkung des Senderechts bei Kabelweiterleitungsvorgängen im Versorgungsbereich des Ursprungssendeunternehmens durch den deutschen Gesetzge-

ber entgegen. Das umfassend formulierte Mindestrecht der Kabelweiterleitung gemäß Art. 11 bis Abs. 1 Nr. 2 RBÜ ist unter Berücksichtigung von Sinn und Zweck sowie der Entstehungsgeschichte der Norm selbst wertend einzuschränken. Der im Rahmen des WCT einschlägige Art. 8 WCT erweitert den durch die RBÜ gewährten Schutz der Kabelweitersendung nicht.

III. Kabelweitersendung und Signaltransport

9. Urheberrechtliche Ansprüche im Zusammenhang mit der Kabelweitersendung richten sich in erster Linie gegen denjenigen, der selbst sendet. Bei rechtswidrigen Weiterleitungen haftet neben dem Sendenden gemäß § 97 UrhG auch derjenige, der adäquat kausal an der Verletzungshandlung beteiligt ist. Urheberrechtlich nicht verantwortlich zu machen ist hingegen derjenige, der lediglich unselbständige Hilfsdienste leistet, d.h. nur durch den Einsatz organisatorischer oder technischer Mittel an der von einem anderen vorgenommenen urheberrechtlichen Nutzungshandlung beteiligt ist.

10. Die Person des Sendenden ist bei allen Übermittlungsarten einheitlich zu bestimmen: Wer sendet, hängt nicht von der Mitwirkung am technischen Prozess der Verbreitung ab, sondern davon, wer sich die technischen Sendemittel zu Nutze macht, mit deren Hilfe die Sendungen der Öffentlichkeit mitgeteilt werden. Nicht die Weiterleitung der Signale über Terrestrik, Satellit oder Kabel als solche, sondern die Initiierung und Kontrolle des jeweiligen Nutzungsvorgangs bestimmen darüber, wer eine Sendung veranstaltet.

11. Das Konventionsrecht bestätigt die Notwendigkeit, den Begriff des „Sendenden" bei Kabelweiterleitungsvorgängen wertend auszufüllen. Insbesondere Art. 11 bis Abs. 1 Nr. 2 RBÜ und Art. 8 WCT knüpfen nicht an den technischen Verbreitungsvorgang, sondern an die dadurch bewirkte Nutzung der geschützten Programminhalte an. Für Art. 8 WCT haben die Vertragsparteien dies in einer gemeinsamen Erklärung auch ausdrücklich positiviert. Danach stellt „die Bereitstellung der materiellen Voraussetzungen, die eine Wiedergabe ermöglichen oder bewirken, für sich genommen keine Wiedergabe im Sinne des Art. 8 WCT oder der Berner Übereinkunft dar."

12. Im Gegensatz zur terrestrischen Programmausstrahlung und der Satellitensendung, die regelmäßig von den Sendeunternehmen kontrolliert wird, lässt

sich im Bereich der Kabelweitersendung nicht ohne weiteres bestimmen, ob sich der Kabelbetreiber auf den technischen Transport der Programmsignale für die Sendeunternehmen beschränkt oder ob er selbst die Programminhalte vermarktet. Insoweit ist stets eine am Einzelfall orientierte Bewertung erforderlich.

13. Wirtschaftlich betrachtet, kann der Kabelbetreiber im Verhältnis zu den Sendeunternehmen als Nachfrager von Inhalten oder als Anbieter einer Transportdienstleistung auftreten. Im ersten Fall spricht man von einem Vermarktungsmodell. Der zweite Fall wird allgemein als Transportmodell bezeichnet. In Deutschland gilt – wie auch die RegTP bestätigt hat – jedenfalls für die Weiterleitung inländischer Programme in der Netzebene 3 das Transportmodell.

14. Wer für den Nutzungsvorgang „Kabelweitersendung" urheberrechtlich verantwortlich ist und damit für seine Handlungen das Weitersenderecht erwerben muss, richtet sich primär nach den Rechtsbeziehungen zwischen den Sendeunternehmen und Kabelbetreibern als potentiellen Verwertern. Die Weiterleitungsverpflichtung der Kabelbetreiber einerseits und die Zahlung einheitlicher, von der Attraktivität der Programminhalte unabhängiger Einspeiseentgelte durch die Sendeunternehmen andererseits legen es insoweit nahe, dass die Netzbetreiber der Ebene 3 in Deutschland – ähnlich wie der Satellitenbetreiber – nur als technische Dienstleister für die Sendeunternehmen tätig werden und nicht selbst weitersenden.

15. Die in den meisten Landesmediengesetzen enthaltenen Vorgaben zur Kabelallokation zwingen die Kabelbetreiber im analogen Bereich, die Auswahl der weiterzuleitenden Programme nicht anhand wirtschaftlicher, sondern anhand publizistischer Vielfaltsanforderungen zu treffen. Im Ergebnis können die Kabelbetreiber weder den Inhalt der Sendungen einzelner Programmveranstalter beeinflussen noch die Kabelallokation selbst nach Marktkriterien vornehmen. Daher erscheint es konsequent, wenn sie die inhaltliche Vermarktung der Programme den Sendeunternehmen überlassen. Folgerichtig müssen letztere – in Übereinstimmung mit den „must carry Regelungen" im Ausland – auch die erforderlichen Weitersenderechte erwerben.

16. Im Rahmen der gebotenen wertenden Betrachtung des Nutzungsvorgangs „Kabelweitersendung" fällt bei der Bestimmung der urheberrechtlichen Verantwortlichkeit weiter ins Gewicht, dass die gesamten Verwertungserlöse aus Werbung, Sponsoring, Merchandising etc. den Sendeunternehmen zufließen. Dabei

sind sie auf eine möglichst große Reichweite der Programme angewiesen, die sie heute nur noch über die Kabelweiterleitung erreichen können.

17. Die von den Kabelbetreibern bei den Kunden grundsätzlich unabhängig von der Anzahl und Zusammenstellung der Programme erhobenen Anschlussgebühren sind eine Gegenleistung allein für den Transport der Signale. Gezahlt wird für die Bereitstellung der technischen Empfangsmöglichkeit, nicht für die übermittelten Inhalte als solche. Die Übermittlung attraktiver Inhalte über das Kabelnetz leistet zwar einen Beitrag, um die angebotene Transportleistung zu vermarkten. Ein solcher mittelbarer wirtschaftlicher Vorteil rechtfertigt es aber nicht, die Kabelbetreiber neben oder anstelle der Sendeunternehmen als Sendende der Kabelweitersendung zu qualifizieren. Vielmehr ist dieser mittelbare Nutzen als Rechnungsposten im Rahmen der von den Kabelbetreibern erbrachten Transportdienstleistung zu würdigen: Unterstützen die Kabelbetreiber die Sendeunternehmen bei der Verbreitung ihrer Programme, so senken die von ihnen erhobenen Anschlussgebühren die Transportkosten, die im Transportmodell notfalls von den Sendeunternehmen allein zu tragen sind.

18. Auch aus der Perspektive der Verbraucher gelten die Anschlussentgelte ausschließlich die technischen Dienstleistungen beim Empfang und nicht die Programminhalte selbst ab. Insbesondere bei den öffentlich-rechtlichen Programmen will der Verbraucher bei einer Verbreitung über das Kabelnetz neben den Rundfunkgebühren kein zusätzliches Entgelt zahlen. Entsprechendes gilt letztlich auch für die Programme privater Rundfunkveranstalter. Der Verbraucher nimmt die häufig störenden Werbeunterbrechungen in den privaten Rundfunkprogrammen nur deshalb in Kauf, weil er für deren Empfang gerade kein Entgelt zu entrichten hat.

19. Obgleich die gebotene differenzierte Bestimmung des Sendenden allgemein anerkannt ist, wird in Deutschland zumeist aus der technischen Signalverbreitung ohne weiteres auf die urheberrechtliche Verantwortlichkeit der Kabelbetreiber geschlossen. Grund hierfür ist zum einen die international übliche Vermarktung der Programminhalte durch die Kabelbetreiber. Zum anderen erweckt der gegen die Kabelunternehmen gerichtete Vergütungsanspruch aus § 20 b Abs. 2 UrhG den Eindruck, das Kabelunternehmen sei stets selbst urheberrechtlich für die Nutzungshandlung verantwortlich. Es erscheint daher in Deutschland dringend erforderlich, etwaigen Missverständnissen über den Inhalt

des Kabelweitersenderechts durch eine klarstellende gesetzliche Regelung zur fehlenden urheberrechtlichen Relevanz unselbständiger technischer Hilfstätigkeiten bei der Programmverbreitung vorzubeugen.

B. Gesetzlicher Vergütungsanspruch gemäß § 20 b Abs. 2 UrhG

I. Entstehungsgeschichte

20. Im Zuge der Umsetzung der Satelliten- und Kabelrichtlinie hat der deutsche Gesetzgeber in § 20 b Abs. 2 UrhG neben dem Verbotsrecht gemäß §§ 20, 20 b Abs. 1 UrhG einen gesetzlichen Vergütungsanspruch normiert. Dieses Regelungskonzept findet weder in der Satelliten- und Kabelrichtlinie der EU noch in den nationalen Rechtsordnungen der EU-Mitgliedstaaten eine Parallele.

II. Anwendungsbereich

21. Gemäß § 20 b Abs. 2 S. 1 UrhG setzt der Vergütungsanspruch voraus, dass der Urheber sein Kabelweitersenderecht einem Sendeunternehmen oder einem Tonträger- oder Filmhersteller eingeräumt hat. Eine über den Wortlaut hinausgehende Anwendung in Sachverhalten, in denen das Weitersenderecht einem anderen Verwerter mit der Befugnis zur Weiterübertragung eingeräumt wurde, ist abzulehnen. Noch weniger überzeugt es, einen Anspruch aus § 20 b Abs. 2 UrhG auch dann zuzuerkennen, wenn der Urheber sein Kabelweitersenderecht nicht vertraglich einem Werkverwerter eingeräumt, sondern für sich behalten bzw. direkt einer Verwertungsgesellschaft übertragen hat. In derartigen Fällen ist der einzelne Urheber bereits durch die kollektive Wahrnehmung seines Rechts geschützt. Die angemessene Beteiligung an der Werknutzung ist gewährleistet.

III. Dogmatische Einordnung

22. § 20 b Abs. 2 UrhG nimmt unter den zahlreichen gesetzlichen Vergütungsansprüchen des Urheberrechts eine Sonderstellung ein. Er gewährt keinen Ausgleich für Einschränkungen des Ausschließlichkeitsrechts, sondern tritt zusätzlich neben das uneingeschränkt weiter bestehende Verbotsrecht gemäß

§§ 20, 20 b Abs. 1 UrhG. Diese Besonderheit führt zu erheblichen Schwierigkeiten bei der dogmatischen Einordnung des gesetzlichen Vergütungsanspruchs.

23. Die Auffassung des Gesetzgebers, der in dem Vergütungsanspruch aus § 20 b Abs. 2 UrhG eine urhebervertragsrechtliche Norm sieht, überzeugt nur bedingt. Da sich der Anspruch nicht gegen den Vertragspartner des Urhebers, sondern gegen das Kabelunternehmen richtet, handelt es sich bei § 20 b Abs. 2 UrhG um einen gesetzlichen Vergütungsanspruch. Man kann ihn als einen aus dem Urheberrecht fließenden vermögensrechtlichen Anspruch eigener Art bezeichnen. Ungeachtet der Qualifikation der Vorschrift als gesetzliche Anspruchsnorm, steht § 20 b Abs. 2 UrhG als Vergütungsanspruch zum Ausgleich unangemessen niedriger Vergütungen für die Einräumung der Rechte aus §§ 20, 20 b Abs. 1 UrhG aber in einem untrennbaren Zusammenhang zum Urhebervertragsrecht.

IV. Verhältnis zur vertraglichen Vergütung

24. § 20 b Abs. 2 S. 4 UrhG regelt für einen Sonderfall das Verhältnis des gesetzlichen Vergütungsanspruchs zu vertraglichen Vergütungen der Kabelweitersenderechte durch die Sendeunternehmen. Die Vorschrift ist in Übereinstimmung mit den Gesetzesmaterialien dahingehend auszulegen, dass der gesetzliche Vergütungsanspruch generell nicht entsteht und damit von Verwertungsgesellschaften auch nicht geltend gemacht werden kann, wenn der Urheber bereits aufgrund eines Tarifvertrags oder einer Betriebsvereinbarung von den Sendeunternehmen eine angemessene Vergütung für die Kabelweitersendung verlangen kann. Aufgrund der vergleichbaren Interessenlage ist eine analoge Anwendung des § 20 b Abs. 2 S. 4 UrhG auf gemeinsame Vergütungsregeln gemäß § 36 UrhG geboten.

25. Aus der Entstehungsgeschichte, Systematik und Ratio des Vergütungsanspruchs und unter Berücksichtigung verfassungsrechtlicher Grundanforderungen an die Ausgestaltung der Vertragsfreiheit gemäß Art. 2 Abs. 1 GG ergibt sich, dass vertragliche Vergütungszahlungen der Sendeunternehmen bei der Festlegung der Anspruchs*höhe* im Rahmen des § 20 b Abs. 2 S. 1 UrhG auch im Übrigen anspruchsmindernd in Ansatz zu bringen sind. Die Urheber können nur

insoweit eine ergänzende Vergütung aus § 20 b Abs. 2 UrhG verlangen, als sie insgesamt noch keine angemessene Entlohnung erhalten haben.

26. Die in § 20 b Abs. 2 S. 2 UrhG angeordnete Verwertungsgesellschaftspflichtigkeit des Vergütungsanspruchs dient den Interessen der Urheber und entlastet durch die Zusammenfassung der Ansprüche im Ansatz auch die Kabelunternehmen. Andererseits führt gerade die kollektive Wahrnehmung der Ansprüche in der Praxis zu kaum überwindbaren Schwierigkeiten bei der Bestimmung der angemessenen Vergütungshöhe. Denn die Verwertungsgesellschaften verfügen nicht über hinreichend genaue Informationen, auf welcher Grundlage und in welchem Umfang Sendeunternehmen, Film- und Tonträgerhersteller Vergütungen an die Urheber gezahlt haben.

V. Verhältnis zu den neuen vertraglichen Korrekturansprüchen gemäß §§ 32, 32 a UrhG

27. Durch das Gesetz zur Stärkung der vertraglichen Stellung von Urhebern und ausübenden Künstlern hat der Gesetzgeber vertragliche Korrekturansprüche eingeführt, die in der Lage sind, auch im Bereich der Kabelweitersenderechte eine angemessene Vergütung der Urheber und sonstigen Leistungsschutzberechtigten sicherzustellen. In ihrem Zusammenspiel führen die genannten Regelungen zu differenzierten, dem Gebot der Einzelfallgerechtigkeit entsprechenden Ergebnissen.

28. Obgleich §§ 32, 32 a UrhG und § 20 b Abs. 2 UrhG dasselbe Ziel verfolgen und auf dasselbe Interesse gerichtet sind, führt die parallele Anwendung der vertraglichen Korrekturansprüche und des gesetzlichen Vergütungsanspruchs zu Friktionen und Rechtsunsicherheiten. Im Extremfall kann bei einer Abtretung der Ansprüche sowohl die Aktivlegitimation als auch die Passivlegitimation auseinander fallen. Unklar ist zudem, ob und in welchem Umfang infolge der Geltendmachung der Korrekturansprüche Regressansprüche im Verhältnis von Sendeunternehmen und Kabelbetreibern entstehen. Eine Anspruchskonkurrenz zwischen beiden Regelungsansätzen ist daher nicht sinnvoll.

29. De lege lata sprechen überwiegende Gründe dagegen, § 20 b Abs. 2 UrhG als eine die allgemeinen vertraglichen Korrekturansprüche verdrängende Sonderregelung anzusehen. Andererseits lässt sich auch eine ausschließliche An-

wendung der §§ 32, 32 a UrhG dogmatisch nicht begründen. Um die misslichen Konsequenzen einer Anspruchskonkurrenz zu vermeiden, bleibt lediglich die Möglichkeit, § 20 b Abs. 2 UhrG im Wege einer einschränkenden Auslegung auf Sachverhalte zu begrenzen, in denen die vertragliche Vergütung unter Berücksichtigung auch der neuen Korrekturmöglichkeiten gemäß §§ 32 ff. UrhG insgesamt unzureichend ist.

VI. Gesetzgeberischer Handlungsbedarf: Streichung des § 20 b Abs. 2 UrhG

30. § 20 b Abs. 2 UrhG stellt durch die Verzerrung der Vertragsverhandlungen über die Vergütung der Kabelweitersenderechte die von der Satelliten- und Kabelrichtlinie angestrebte Vereinheitlichung und Erleichterung des Rechtserwerbs innerhalb der EU in Frage. Darüber hinaus höhlt § 20 b Abs. 2 UrhG die volle rechtliche Wirksamkeit von Artikel 10 der Richtlinie aus, der explizit eine Alternative zum Grundsatz der Verhandlungen zwischen den Verwertungsgesellschaften und den Kabelbetreibern beim Erwerb der Kabelweitersenderechte vorsieht. Dies spricht dafür, dass § 20 b Abs. 2 UrhG das Gemeinschaftsrecht verletzt. Selbst wenn man einen Verstoß gegen die Satelliten- und Kabelrichtlinie verneinen und lediglich eine noch hinnehmbare Abschwächung ihrer praktischen Wirksamkeit („effet utile") konstatieren wollte, erscheint es nicht sachgerecht, an einem singulären Regelungskonzept festzuhalten, das sich innerhalb Europas nicht durchgesetzt hat und die durchaus sinnvolle Zielsetzung eines einfachen und effizienten Rechteerwerbs zumindest beeinträchtigt.

31. Neben die europarechtlichen Bedenken treten auch verfassungsrechtliche Zweifel an § 20 b Abs. 2 UrhG. Die Regelung eines gesetzlichen Vergütungsergänzungsanspruchs schränkt die verfassungsrechtlich durch Art. 2 Abs. 1 GG geschützte Vertragsfreiheit in ihrem Kern, der autonomen Bestimmung der Vergütungshöhe, ein. Jedenfalls nach der Novellierung des Urhebervertragsrechts hält sich die Vorschrift insoweit nicht mehr im Rahmen des dem Gesetzgeber zustehenden Ausgestaltungsspielraums.

32. § 20 b Abs. 2 UrhG ist für die Erreichung des angestrebten Zwecks nicht mehr erforderlich. Der Gesetzgeber selbst gesteht in der Begründung zur 4. Urheberrechtsnovelle ein, dass es anstelle der Regelung des § 20 b UrhG genauso

gut möglich gewesen wäre, „das zu Lasten der Urheber und ausübenden Künstler bestehende Machtgefälle bei der Verhandlung über die Vergabe des Rechts zur Kabelweitersendung auch durch eine das Vertragsverhältnis mit dem Sendeunternehmen oder dem sonstigen Produzenten betreffende Vergütungsregelung auszugleichen". Ein solches Regelungskonzept sehen nunmehr die §§ 32, 32 a UrhG vor. Aufgrund der Implementierung dieser Vorschriften erscheint die mit dem gesetzlichen Vergütungsanspruch verbundene Einschränkung der Privatautonomie bereits nach der eigenen Einschätzung des Gesetzgebers nicht mehr notwendig. An dieser Einschätzung muss sich der Gesetzgeber festhalten lassen.

33. Der gesetzliche Vergütungsergänzungsanspruch ist darüber hinaus auch nicht verhältnismäßig im engeren Sinne. Die Vorschrift verknüpft den Ausgleich individuell unzulänglicher Vergütungsabreden mit einem kollektiv von den Verwertungsgesellschaften geltend zu machenden gesetzlichen Vergütungsergänzungsanspruch gegen einen Dritten. Dies führt bei der Bemessung der insgesamt zu zahlenden Vergütung zu massiven praktischen Schwierigkeiten und auf der Ebene der einzelnen Grundrechtsträger zu unbilligen Ergebnissen. § 20 b Abs. 2 UrhG ist deshalb nicht in der Lage, einen angemessenen Ausgleich der gegenläufigen Interessen herzustellen, der den Schutz des Art. 2 Abs. 1 GG für alle Beteiligten möglichst weitgehend wirksam werden lässt.

34. Für eine Streichung des gesetzlichen Vergütungsergänzungsanspruchs spricht weiterhin die Einheitlichkeit und konzeptionelle Stimmigkeit des Urhebervertragsrechts. Mit den neuen vertraglichen Korrekturansprüchen gemäß §§ 32, 32 a UrhG hat der Gesetzgeber sein im Kabinettsentwurf vom 31.5.2001 verfolgtes Konzept, in § 32 UrhG einen allgemeinen gesetzlichen Vergütungsanspruch nach dem Vorbild des § 20 b Abs. 2 UrhG zu schaffen, aufgegeben. Stattdessen hat er sich dafür entschieden, vertragliche Benachteiligungen der Urheber grundsätzlich durch Anpassung der bestehenden Verträge zu korrigieren. Die Beibehaltung des gesetzlichen Vergütungsanspruchs gemäß § 20 b Abs. 2 UrhG hebt diese Entscheidung teilweise auf und beschwört schwierige Abgrenzungsfragen sowie erhebliche Rechtsunsicherheiten herauf.

35. Schließlich widerspricht der gesetzliche Vergütungsergänzungsanspruch insgesamt den Grundanforderungen einer innovations- und investitionsfreundlichen Medienregulierung in Deutschland. Die Reglungskonzeption des § 20 b Abs. 2 UrhG gestaltet den Rechteerwerb für die Kabelbetreiber intransparent

und unsicher. § 20 b Abs. 2 UrhG verursacht überdies einen unverhältnismäßig hohen Aufwand an Zeit und Kosten. Wirken die Kabelbetreiber – wie unter den Bedingungen des Transportmodells in Deutschland – lediglich als Telekommunikationsdienstleister an der Verbreitung fremder Sendungen technisch mit, richtet sich die Haftung des § 20 b Abs. 2 UrhG im Ergebnis auch materiell gegen den falschen Anspruchsverpflichteten.

VII. Alternativen zur Streichung

36. Aufgrund der dargelegten europarechtlichen und verfassungsrechtlichen Bedenken gegen das Regelungskonzept des § 20 b Abs. 2 UrhG und mit Blick auf die rechtsdogmatischen und praktischen Defizite des gesetzlichen Vergütungsergänzungsanspruchs erscheint eine Streichung der Vorschrift alternativlos. Modifizierungen sind allenfalls geeignet, einige Bedenken gegen § 20 b Abs. 2 UrhG zu entschärfen. Die grundsätzlichen Defizite des Regelungskonzepts eines gesetzlichen Vergütungsergänzungsanspruchs, der sich von den zu korrigierenden vertraglichen Abreden löst und gegen einen Dritten richtet, können dadurch nicht beseitigt werden.

Sachverzeichnis

(Die Zahlen beziehen sich auf die jeweiligen Seiten)

Schriften zum Handels- und Wirtschaftsrecht

Herausgegeben von Herbert Leßmann

Band 1 Thomas Häuser: Die Eigenmittel der Kreditinstitute und mögliche Erweiterungen. 2000.

Band 2 Susanne Koch: Schutz vor kommerzieller Markenverunglimpfung durch das Markengesetz. 2001.

Band 3 Andreas Lachmann: Haftungs- und Vermögensfolgen bei Sitzverlegung ausländischer Kapitalgesellschaften ins Inland. 2000.

Band 4 Markus Fischer: Die freie Benutzung beim Schreiben künstlerischer Literatur. 2001.

Band 5 Frank Zingel: Ausbietungsgarantien. Rechtliche Probleme eines Kreditsicherungsmittels. 2001.

Band 6 Stephan Marienfeld: Konzernproblematiken bei der Publikumspersonengesellschaft. Dargestellt an den Beispielen der Mehrheitsentscheidungen, des Beirates und der Treuhandkonstruktion. 2001.

Band 7 Tobias Menzel: Werbebeschränkungen im Sport. Eine wettbewerbsrechtliche Untersuchung verbandsrechtlicher Werbebeschränkungen am Beispiel des DFB. 2002.

Band 8 Thomas Ullrich: Unternehmensmitbestimmung in der kapitalistischen Kommanditgesellschaft auf Aktien. 2002.

Band 9 Sebastian Jungermann: Der Beweiswert elektronischer Signaturen. Eine Studie zur Verläßlichkeit elektronischer Signaturen und zu den Voraussetzungen und Rechtsfolgen des § 292a ZPO. 2002.

Band 10 Axel Schilder: Schadensersatz bei Durchbrechung der Bindung an obligatorische Vertragsofferten. Eine vergleichende Untersuchung zum BGB und zum UN-Kaufrecht (CISG). 2003.

Band 11 Götz Wied: Gewinnversprechen von Versandfirmen. Rechtfertigung, Auslegung und Anwendungsprobleme des § 661a BGB. 2003.

Band 12 Timo Elsner: Die laufende Kontrolle der Tochtergesellschaften durch die Verwaltung der Muttergesellschaft. Eine Konkretisierung der aktiengesetzlichen Grundlagen. 2004.

Band 13 Elmar Mand: Das Recht der Kabelweitersendung. Kabelweiterleitung von Rundfunkprogrammen im Lichte des § 20 b UrhG. 2004.

Peter Lang · Europäischer Verlag der Wissenschaften

Dieter Dörr (Hrsg.)

Rundfunk über Gebühr?

Die Finanzierung des öffentlich-rechtlichen Rundfunks im Zeitalter der technischen Konvergenz
3. Mainzer Mediengespräch

Frankfurt am Main, Berlin, Bern, Bruxelles, New York, Oxford, Wien, 2003.
73 S., zahlr. Abb.
Studien zum deutschen und europäischen Medienrecht.
Herausgegeben von Dieter Dörr. Bd. 14
ISBN 3-631-50446-2 · br. € 16.80*

Der Band dokumentiert das 3. Mainzer Mediengespräch „Fernsehen über Gebühr?". Veranstaltet wurde es im Juni 2002 vom Mainzer Medieninstitut in Zusammenarbeit mit dem Fachbereich Rechts- und Wirtschaftswissenschaften der Universität Mainz. Die Finanzierung des öffentlich-rechtlichen Rundfunks im Zeitalter der technischen Konvergenz diskutierten der rheinland-pfälzische Ministerpräsident Kurt Beck, VPRT-Präsident Jürgen Doetz, ZDF-Intendant Markus Schächter und SWR-Intendant Peter Voß. Ergänzt wird die Podiumsdiskussion durch den Vortrag des Direktors des Mainzer Medieninstituts über verfassungsrechtliche Vorgaben bei der Gestaltung bzw. Umgestaltung der Rundfunkfinanzierung, die auch im Zeitalter des Zusammenwachsens von Rundfunk und Internetnutzung Bestand haben.

Aus dem Inhalt: Vortrag und Diskussion über Rundfunkfinanzierung · Finanzierung des Rundfunks im Lichte technischer Konvergenz · Der Rundfunkfinanzierungsstaatsvertrag · Gebührenfinanzierung des öffentlich-rechtlichen Rundfunks · Die Stellung der KEF · Privater Rundfunk und Werbeeinnahmen · Sportrechte und Finanzierungsfrage · Werbung, Sponsoring und Merchandising · Die Beihilfeproblematik · Die GEZ · Finanzierung von Pay-TV

Frankfurt am Main · Berlin · Bern · Bruxelles · New York · Oxford · Wien
Auslieferung: Verlag Peter Lang AG
Moosstr. 1, CH-2542 Pieterlen
Telefax 00 41 (0) 32 / 376 17 27

*inklusive der in Deutschland gültigen Mehrwertsteuer
Preisänderungen vorbehalten

Homepage http://www.peterlang.de

FSC
www.fsc.org
MIX
Papier | Fördert gute Waldnutzung
FSC® C083411

Kolibri 360 GmbH
Ferdinand-Jühlke-Straße 7
99095 Erfurt, Deutschland
produktsicherheit@kolibri360.de

Druck:
CPI Druckdienstleistungen GmbH
im Auftrag der
Kolibri 360 GmbH
Ferdinand-Jühlke-Str. 7
99095 Erfurt